jQuery 程序设计实例教程

卢守东　编著

清华大学出版社

北　京

内 容 简 介

本书以应用为导向，以实用为原则，以能力提升为目标，以典型实例为依托，全面介绍了 jQuery 程序设计的有关技术与相关应用。全书共分为 8 章，包括 jQuery 概述、jQuery 选择器、jQuery 元素操作、jQuery 事件处理、jQuery 表单操作、jQuery Ajax 应用、jQuery 插件与 jQuery 应用案例等内容，并附有相应的思考题与实验指导。

本书所有示例的代码均已通过调试，并能成功运行，其开发环境为 Windows 7、Dreamweaver CS 6、jQuery 1.12.4、jQuery UI 1.12.1、jQuery EasyUI 1.8.1 与 XAMPP 2016。

本书内容全面，面向应用，示例翔实，解析到位，编排合理，结构清晰，准确严谨，注重应用开发能力的培养，可作为各高校本科或高职高专计算机、电子商务及相关专业 jQuery 程序设计、jQuery 开发技术等课程的教材或教学参考书，也可作为 Web 应用开发人员的技术参考书以及初学者的自学教程。

图书在版编目(CIP)数据

jQuery 程序设计实例教程/卢守东编著. —北京：清华大学出版社，2021.1

ISBN 978-7-302-56659-5

Ⅰ. ①j… Ⅱ. ①卢… Ⅲ. ①JAVA 语言—程序设计—教材 Ⅳ. ①TP312.8

中国版本图书馆 CIP 数据核字(2020)第 203676 号

责任编辑：孟 攀
封面设计：杨玉兰
责任校对：吴春华
责任印制：宋 林

出版发行：清华大学出版社

网　　　址：http://www.tup.com.cn, http://www.wqbook.com
地　　　址：北京清华大学学研大厦 A 座　　　邮　　编：100084
社 总 机：010-62770175　　　邮　　购：010-62786544
投稿与读者服务：010-62776969, c-service@tup.tsinghua.edu.cn
质量反馈：010-62772015, zhiliang@tup.tsinghua.edu.cn
课件下载：http://www.tup.com.cn, 010-62791865

印 装 者：三河市少明印务有限公司
经　　销：全国新华书店
开　　本：185mm×260mm　　　印　张：18.5　　字　数：450 千字
版　　次：2021 年 1 月第 1 版　　　印　次：2021 年 1 月第 1 次印刷
定　　价：59.00 元

产品编号：086660-01

前　言

　　jQuery 是一个快速、小巧、简洁且功能丰富的 JavaScript 库(又称为 JavaScript 框架)，也是目前 Web 前端开发的热门技术之一，其实际应用也十分广泛。为满足社会的实际需求，并提高学生的专业技能与就业能力，多数高校的计算机、电子商务以及其他相关专业均开设了 jQuery 程序设计等 Web 应用开发类课程。

　　本书以应用为导向，以实用为原则，以能力提升为目标，以典型实例为依托，遵循案例教学的基本思想，按照由浅入深、循序渐进的原则，精心设计，合理安排，全面介绍了 jQuery 程序设计的有关技术与相关应用。全书实例翔实，编排合理，循序渐进，结构清晰，共分为 8 章，包括 jQuery 概述、jQuery 选择器、jQuery 元素操作、jQuery 事件处理、jQuery 表单操作、jQuery Ajax 应用、jQuery 插件与 jQuery 应用案例。各章均有"本章要点""学习目标"与"本章小结"，既便于抓住重点、明确目标，也利于"温故而知新"。书中的诸多内容均设有相应的"说明""注意""提示"等知识点，以便于读者的理解与提高，并为其带来"原来如此""豁然开朗"的美妙感觉。此外，各章均安排有相应的思考题，以利于读者的及时回顾与检测。书末还附有全面的实验指导，以方便读者上机实践。

　　本书所有示例的代码均已通过调试，并能成功运行，其开发环境为 Windows 7、Dreamweaver CS6、jQuery 1.12.4、jQuery UI 1.12.1、jQuery EasyUI 1.8.1 与 XAMPP 2016。

　　本书内容全面，结构清晰，语言流畅，通俗易懂，准确严谨，颇具特色，集系统性、条理性于一身，融实用性、技巧性于一体，注重应用开发能力的培养，可充分满足课程教学的实际需要，适合各个层面、各种水平的读者，既可作为各高校本科或高职高专计算机、电子商务及相关专业 jQuery 程序设计、jQuery 开发技术等课程的教材或教学参考书，也可作为 Web 应用开发人员的技术参考书以及初学者的自学教程。

　　本书的写作与出版，得到了清华大学出版社的大力支持与帮助，在此表示衷心感谢。在紧张的写作过程中，自始至终也得到了家人、同事的理解与支持，在此亦深表谢意。

　　由于作者经验不足、水平有限，且时间较为仓促，书中不妥之处在所难免，恳请广大读者多加指正、不吝赐教。

编　者

目录

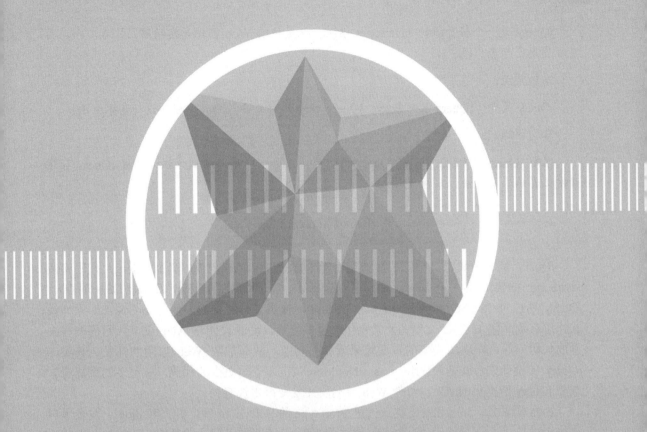

第 1 章

jQuery 概述

jQuery 是一个轻量级的 JavaScript 框架，也是目前 Web 前端开发的热门技术之一，其实际应用已相当广泛。

本章要点：

jQuery 简介；jQuery 应用基础；jQuery 程序开发工具；jQuery 程序设计基本方法。

学习目标：

了解 jQuery 的概况；掌握 jQuery 的下载、添加、引用与测试方法；掌握 jQuery 程序开发工具的基本用法；掌握 jQuery 程序设计的基本方法。

1.1 jQuery 简介

jQuery 是一个快速、小巧、简洁且功能丰富的 JavaScript 库(即 JavaScript 代码库或 JavaScript 框架)，诞生于 2006 年 1 月，其创始人与技术领袖为 John Resig(约翰·瑞森)。jQuery 通过对 JavaScript 常用功能代码的封装，提供了一种极为简便的 JavaScript 设计模式，可有效简化 HTML 文档的元素操作、事件处理、动画设计与 Ajax 交互，只需编写少量的代码，即可实现所需要的页面效果或相关功能，从而加快 Web 应用的开发。其实，jQuery 的设计宗旨就是"Write Less, Do More"，即"写更少的代码，做更多的事情"。基于 jQuery 所提供的 API，可使 Web 前端的开发变得更加轻松。

2005 年 8 月，John Resig 提议改进 Prototype 的 Behaviour 库，并在其 blog 上发表了自己的想法与 3 个示例代码(即 jQuery 语法的雏形)，随即便引起了业界的广泛关注。于是，John Resig 开始认真思考如何"编写语法更为简洁的 JavaScript 程序库"。2006 年 1 月 14 日，John Resig 正式宣布以 jQuery 为名发布自己的程序库。8 月，jQuery 的第一个稳定版本 1.0 版正式面世，并提供了对 CSS 选择器(或 CSS 选择符)、事件处理与 Ajax 交互的支持。此后，随着 jQuery 的快速发展，先后发布了许多更高版本，如 1.0.4 版、1.1 版、1.1.4 版、1.2 版、1.2.6 版、1.3 版、1.3.2 版、1.4 版、1.4.4 版、1.5 版、1.5.2 版、1.6 版、1.6.2 版、1.7 版、1.7.2 版、1.8 版、1.8.3 版、1.9 版、1.9.1 版、1.10 版、1.10.2 版、1.11 版、1.11.3 版、1.12 版、1.12.4 版、2.0 版、2.0.3 版、2.1 版、2.1.4 版、2.2 版、2.2.4 版、3.0 版、3.1 版、3.1.1 版、3.2 版、3.2.1 版、3.3 版、3.3.1 版、3.4 版等。与此同时，jQuery 的功能与性能也得到不断增强，深受广大 Web 应用开发人员的青睐，并获得诸多业界厂商或公司的大力支持。时至今日(2019 年 5 月 8 日)，最新的 jQuery 版本为 3.4.1 版。

作为一个优秀的轻量级框架，jQuery 具有体积小、功能强、配置简单、用法灵巧、兼容性好等优点。jQuery 拥有强大的高效灵活的选择器，可轻松获取页面中的有关 HTML 元素。基于此，再利用 jQuery 所提供的各种方法，即可轻松实现对元素的各种操作(包括元素的创建、插入、删除、复制、替换与遍历等)以及元素值、元素属性、元素 CSS 样式的有关操作。此外，还可以方便地实现元素的各种动画特效(如显示隐藏、淡入淡出、滑上滑下等)，为元素的有关事件绑定事件处理函数，或根据需要实现与 Web 服务器的异步通信。jQuery 还支持独特的链式语法，可将多个方法链接起来由 jQuery 对象逐一调用，从而使代码更趋简洁。更重要的是，jQuery 具有优异的跨浏览器兼容性，可确保代码能够在各种主流浏览器上以一致的方式运行，从而有效地解决了令开发人员颇感头疼的兼容操作问题。jQuery 全面支持各种主流浏览器，包括 IE 6.0+、Firefox 1.5+、Google Chrome 1.0+、Opera 9.0+、Safari 2.0+等、

jQuery 不但自身功能强大，而且易于扩展，并拥有为数众多、深受追捧的各种插件。借助于可从网上下载的以 jQuery 为基础的插件，可进一步提升 Web 应用开发的效率与效果。

1.2　jQuery 应用基础

jQuery 的应用是基于 jQuery 库的。在此，先简要介绍 jQuery 库文件的下载、安装与引用方法，然后通过一个简单的 jQuery 程序测试其正确性。

1.2.1　jQuery 的下载

jQuery 的库文件(包括其最新版本及此前的有关版本)可从其官方网站(http://jquery.com)或其他相关网站下载。如图 1-1 所示为 jQuery 官方网站的首页。在其中单击导航栏中的 Download 链接或右侧的 Download jQuery 按钮，即可打开如图 1-2 所示的 jQuery 下载页面。在此页面中，可直接下载最新版本的 jQuery。若要下载此前的有关版本，可单击该页面底部的 jQuery CDN 链接，打开如图 1-3 所示的 jQuery CDN - Latest Stable Versions 页面，并从中选择下载。必要时，可进一步单击其中的 See all versions of jQuery Core 链接，打开如图 1-4 所示的包含所有 jQuery 版本下载链接的 jQuery Core - All Versions 页面，并从中选择下载。

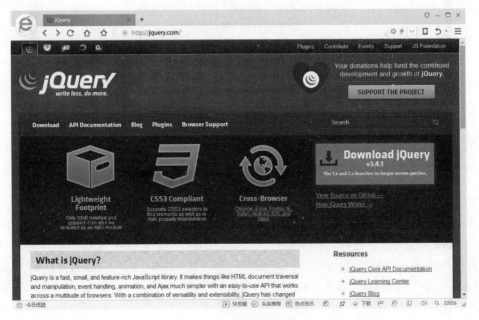

图 1-1　jQuery 官网首页

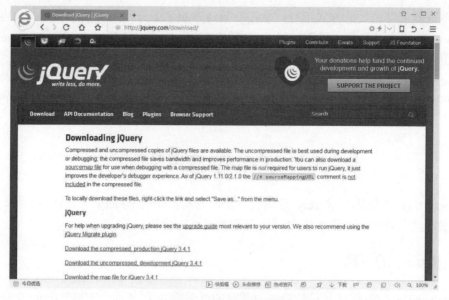

图 1-2　jQuery 下载页面

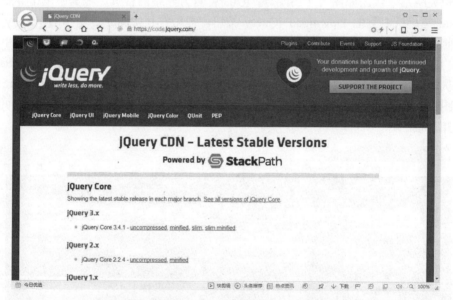

图 1-3　jQuery CDN - Latest Stable Versions 页面

对于某个版本的 jQuery 库文件来说，又有发布版(production)与开发版(development)之分。其中，发布版是经过压缩的(compressed 或 minified)，相对小些；而开发版是未经压缩的(uncompressed)，内含注释，相对大些。在此，选择下载 jQuery 1.x 的最高版本 1.12.4 版，其发布版的文件名为 jquery-1.12.4.min.js，大小为 95KB；而开发版的文件名为 jquery-1.12.4.js，大小为 287KB。通常，在应用开发阶段使用开发版的 jQuery 库文件，在实际运行阶段则使用发布版的 jQuery 库文件。

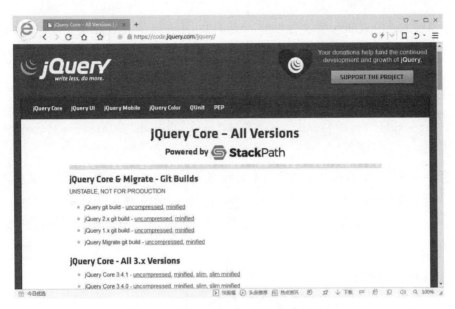

图 1-4 jQuery Core - All Versions 页面

1.2.2 jQuery 的添加

jQuery 无须安装，只需将其库文件直接添加到站点中即可。为方便起见，建议将 jQuery 库文件放置到站点的某个子目录中。子目录的命名，可根据需要加以确定，通常以 jQuery 或 jQ 为宜。就本书而言，jQuery 库文件是放置在站点目录下的 jQuery 子目录中的，并将实际使用的库文件(发布版或开发版)重命名为 jquery.js，以便于引用及日后的升级与维护。

1.2.3 jQuery 的引用

对于某个页面来说，如果要使用 jQuery 进行程序设计，就必须先引用(或导入)相应的 jQuery 库。为此，只需在该页面的头部(即 HTML 文档的<head>标记内)使用<script>标记指定 jQuery 库文件的路径即可。其基本格式为：

```
<script language="javascript" src="jQuery库文件的相对路径或绝对路径">
</script>
```

或者

```
<script type="text/javascript" src="jQuery库文件的相对路径或绝对路径" >
</script>
```

例如，对于存放在站点目录下的页面来说，若要引用存放在 jQuery 子目录中的 jQuery 库文件 jquery.js，则可使用以下<script>标记之一：

```
<script language="javascript" src="jQuery/jquery.js"></script>
<script type="text/javascript" src="jQuery/jquery.js" ></script>
```

说明：　在引用本地jQuery库文件时，为确保灵活性，应使用其相对路径。

除了引用本地的 jQuery 库文件以外，还可以引用在线的 jQuery 库文件。例如，jQuery 官网提供了在线的最新可用的 jQuery 库文件，地址为 http://code.jquery.com/jquery-latest.js。为引用该在线 jQuery 库文件，可使用以下<script>标记之一：

```
<script language="javascript" src="http://code.jquery.com/jquery-
latest.js"></script>
<script type="text/javascript" src="http://code.jquery.com/jquery-
latest.js"></script>
```

注意： 若 Web 服务器无法访问互联网(例如，出于安全方面的考虑，某些内部网站与外网是物理隔离的)，则引用在线的 jQuery 库文件将会出现问题。此外，提供在线 jQuery 库文件的网站若出现掉线的情况，也将导致 jQuery 库文件不可用。

1.2.4 jQuery 的测试

为测试 jQuery 是否正常，只需创建一个页面(HTML 文档)，并在其中编写一段简单的 jQuery 程序，然后查看其运行结果即可。

在页面中引用 jQuery 库文件后，即可在其后编写 jQuery 程序。jQuery 程序的所有代码均要置于<script>标记之中，其基本格式为：

```
<script type="text/javascript">
    // jQuery 程序代码
    ...
</script>
```

【实例 1-1】 设计一个简单的 jQuery 程序，其功能为在打开页面时自动显示一个"Hello,World!"对话框。

设计步骤：

(1) 创建一个站点目录 jQ_01。在此，其具体位置为 C:\MyWWW\jQ_01。

(2) 在站点目录中创建一个子目录 jQuery，然后将 jQuery 库文件置于其中，并重命名为 jquery.js。

(3) 在站点目录中创建一个 HTML 文档 HelloWorld.html，然后用"记事本"打开该文档，输入并保存以下代码(见图 1-5)：

```
<html>
<head>
<meta http-equiv="Content-Type" content="text/html; charset=utf-8">
<title>HelloWorld</title>
<script type="text/javascript" src="jQuery/jquery.js"></script>
<script type="text/javascript">
$(document).ready(function(){
  alert("Hello,World!");
});
</script>
</head>
```

```
<body>
Hello,World!
</body>
</html>
```

图 1-5　"HelloWorld.html-记事本"窗口

运行方式：双击 HTML 文档 HelloWorld.html，用 IE(Internet Explorer)浏览器打开。若能自动打开一个 Hello,World!对话框(见图 1-6)，则表明一切正常。

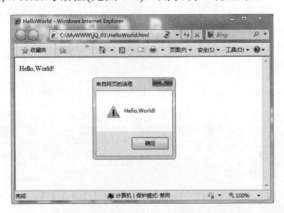

图 1-6　页面与 HelloWorld!对话框

代码解析：

(1) 在编写 jQuery 程序前，需先引用相应的 jQuery 库。在本实例中，引用了存放在站点子目录 jQuery 中的 jQuery 库 jquery.js，其相对于当前页面的路径为 jQuery/jquery.js。必要时，也可将该路径改写为./jQuery/jquery.js。其中，"."表示当前目录。

[三] 提示：　在指定相对路径时，还可使用 ".."(两个小圆点)表示当前目录的上一级目录。

(2) $()是 jQuery()的别名，可在 HTML 文档中搜索与指定选择器匹配的元素，并创建一个引用匹配元素的 jQuery 对象。特别地，$(document) 用于获取整个 HTML 文档对象(该对象是 jQuery 中最为常用的一个对象)。通过调用$(document)的 ready()方法，可为其绑定相应的 ready 事件处理函数。当文档对象就绪时，将触发其 ready 事件，从而自动执行

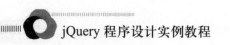

相应的事件处理函数。在本实例中，ready 事件的处理函数较为简单，只有一条语句
"alert("Hello,World!");"，其功能就是显示一个 Hello,World!对话框。

1.3 jQuery 程序开发工具

jQuery 程序是包含在 HTML 文档之中的，因此任何文本编辑器(如记事本)均可用于
jQuery 程序的开发。不过，为便于 jQuery 程序的编码并提高应用的开发效率，最好使用相
应的集成开发环境(IDE)，如 Dreamweaver、Visual Studio、MyEclipse 等。

从本质上看，jQuery 程序设计只是网页设计的一个方面。就网页设计而言，目前最为
常用的工具就是 Dreamweaver。作为专业的可视化网页设计工具，Dreamweaver 从其 CS
5.5 版本开始，内置了 jQuery 引擎，实现了内核支持，并提供了各种 jQuery 应用插件。考
虑到本书的主要内容是 jQuery 的有关技术及其基本应用，因此选用 Dreamweaver 作为
jQuery 程序的开发工具，所用版本为CS6。在此，仅简要介绍 Dreamweaver CS6 的常用操
作与基本用法。

1. 创建站点

在使用 Dreamweaver 进行网页设计时，通常要创建好相应的站点，以便对有关的各种
文件进行有效的管理，并提高网页或网站的设计效率。

【实例 1-2】在 Dreamweaver 中创建一个站点 MyWWW。

主要步骤：

(1) 启动 Dreamweaver CS6，打开如图 1-7 所示的 DW 窗口。

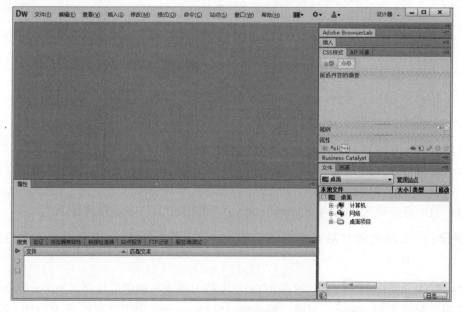

图 1-7 DW 窗口

(2) 在 DW 窗口中选择"站点"→"新建站点"菜单项，打开如图 1-8(a)所示的"站

点设置对象"对话框，并在其中输入站点名称(在此为 MyWWW)，同时设定相应的本地站点文件夹(在此为 C:\MyWWW\)，如图 1-8(b)所示。

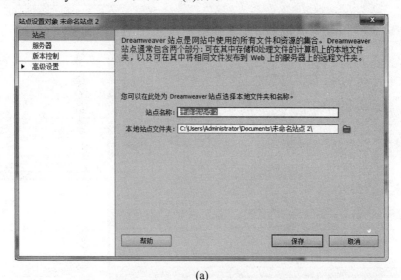

(a)

(b)

图 1-8　"站点设置对象"对话框

(3)　单击"保存"按钮，关闭"站点设置对象"对话框。至此，MyWWW 站点创建完毕，结果如图 1-9 所示。

2. 新建目录

在一个站点中，可根据需要创建相应的子目录。必要时，还可以在子目录中再创建其他子目录。为此，只需在"文件"面板中右击"站点"或相应的子目录，并在其快捷菜单中选择"新建文件夹"菜单项，然后输入相应的名称即可。

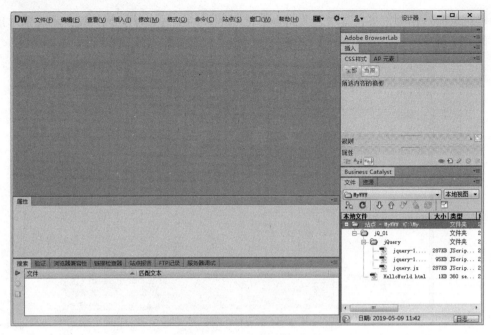

图 1-9　MyWWW 站点

3. 删除目录

对于站点中不再需要的目录，可随时将其删除。为此，只需在"文件"面板中右击目录，并在其快捷菜单中选择"编辑"→"删除"菜单项。此外，也可以先选中目录，然后直接按 Delete 键。

4. 新建页面

一个站点往往是由一系列的页面构成的。在网站的设计过程中，可根据需要逐一添加相应的页面。为此，只需在"文件"面板中右击站点或相应的子目录，并在其快捷菜单中选择"新建文件"菜单项，然后输入相应的名称即可。

5. 删除页面

对于不再需要的页面，可随时将其删除。为此，只需在"文件"面板中右击页面，并在其快捷菜单中选择"编辑"→"删除"菜单项即可。此外，也可以先选中页面，然后直接按 Delete 键。

6. 设计页面

在"文件"面板中直接双击相应的页面，即可将其打开，如图 1-10 所示。为顺利完成页面的设计，可根据需要在"代码""拆分""设计"等视图之间进行切换。为此，只需在工具栏中单击相应的按钮即可。

7. 预览页面

对于当前所打开的页面，可通过预览操作查看其实际运行效果。为此，只需在工具栏中单击"在浏览器中预览/调试"按钮，并在随之打开的列表中选择与所要使用的浏览器相对应的选项即可。例如，若选择"预览在 IExplore"选项，则会使用 IE 浏览器打开当前页面。

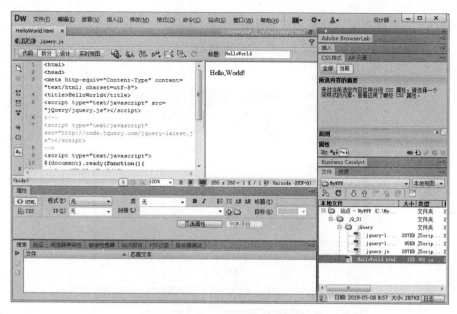

图 1-10　页面设计界面

1.4　jQuery 程序设计实例

下面，结合几个简单的 jQuery 程序实例，简要说明 jQuery 程序设计的基本方法。

【实例 1-3】单击隐藏段落。在页面中显示若干个段落，单击相应的段落，即可将其隐藏。

设计步骤：

(1)　在站点的 jQ_01 目录中新建一个 HTML 页面 YcDl.html。

(2)　编写页面 YcDl.html 的代码。

```html
<html>
<head>
<meta http-equiv="Content-Type" content="text/html; charset=utf-8">
<title>隐藏段落</title>
<script type="text/javascript" src="./jQuery/jquery.js"></script>
<script type="text/javascript">
$(document).ready(function(){
  $("p").click(function(){
    $(this).hide();
  });
});
</script>
</head>
<body>
<p>Hello,World!</p>
```

```
<p>您好，世界！</p>
</body>
</html>
```

运行结果：预览页面，其初始状态如图 1-11(a)所示。单击"Hello,World!"段落，该段落会立即被隐藏，结果如图 1-11(b)所示。再单击"您好，世界！"段落，则该段落也被隐藏，结果如图 1-11(c)所示。

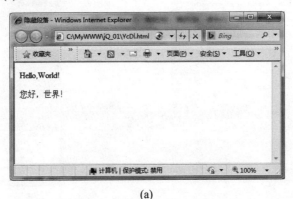

(a)

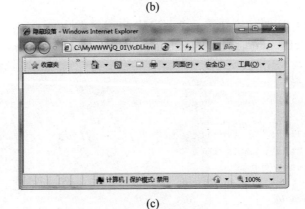

(b)

(c)

图 1-11   "隐藏段落"页面

代码解析：

(1) $("p")是 jQuery 的一个选择器，用于匹配并获取网页中所有的<p>元素。通过调用 $("p")的 click()方法，可为网页中的<p>元素绑定相应的 click(单击)事件处理函数。这样，当用户单击页面中的<p>元素时，将触发其 click 事件，并执行相应的事件处理函数。

(2)　在本实例中，click 事件的处理函数较为简单，只有一条语句"$(this).hide();"，其功能就是将当前元素隐藏。其中，$(this)是 jQuery 中的一个特殊对象，表示当前所引用的 HTML 元素(在此为当前所单击的<p>元素)；hide()是 jQuery 对象的一个方法，用于隐藏当前所匹配的 HTML 元素(在此为<p>元素)。

【实例 1-4】显示段落内容。在页面中显示若干个段落，单击相应的段落，即可显示其内容。

设计步骤：

(1)　在站点的 jQ_01 目录中新建一个 HTML 页面 DlNr.html。

(2)　编写页面 DlNr.html 的代码。

```html
<html>
<head>
<meta http-equiv="Content-Type" content="text/html; charset=utf-8">
<title>段落内容</title>
<script type="text/javascript" src="./jQuery/jquery.js"></script>
<script type="text/javascript">
$(document).ready(function(){
  $("p").click(function(){
    alert($(this).text());
  });
});
</script>
</head>
<body>
<p>Hello,World!</p>
<p>您好，世界! </p>
</body>
</html>
```

运行结果：预览页面，其初始状态如图 1-12(a)所示。单击"Hello,World!"或"您好，世界!"段落，均可打开相应的显示该段落内容的对话框，如图 1-12(b)、图 1-12(c)所示。

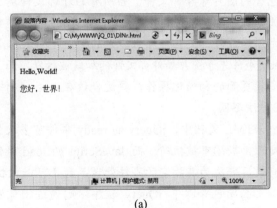

(a)

图 1-12　运行结果

(b)

(c)

图 1-12 运行结果(续)

代码解析:

在本实例中,<p>元素的 click 事件的处理函数较为简单,只有一条语句"alert($(this).text());",其功能就是显示一个内容为当前元素(在此为<p>元素)文本内容的对话框。其中,text()是 jQuery 对象的一个方法,用于获取当前所匹配的 HTML 元素的文本内容。

从以上实例可知,常用的 jQuery 程序的基本形式如下:

```
<script type="text/javascript">
$(document).ready(function(){
    …
});
</script>
```

在此,利用了 jQuery 的 ready 事件。其中,$(document).ready()可进一步简写为$().ready()或$()。不过,为了确保代码的可读性,最好不要使用简写的形式。

注意: jQuery 的 ready 事件与 JavaScript 的 load 事件类似,均表示页面初始化行为,但二者之间并非完全相同。

(1) 触发时机不同。

jQuery 的 ready 事件在 HTML 文档对象就绪时即被触发,而 JavaScript 的 load 事件必须等到页面加载完毕后才被触发。所谓 HTML 文档对象就绪,就是浏览器已完成了 HTML DOM 结构的绘制。此后,浏览器还要继续加载页面所包含的图片等外部文件。当所有的外部文件均已完成加载过程时,整个页面便加载完毕。可见,ready 事件是先于 load 事件被触发的。当然,如果页面无须加载外部文档,那么二者的触发时间基本上是相同的。

由于 ready 事件先于图片等外部文件的加载被触发,而 load 事件则相反,因此对于大多数页面的初始化操作,更适合放在 ready 事件的处理函数中进行。

(2) 使用方法不同。

在同一个 HTML 文档中,jQuery 的 ready 事件可多次使用,且为其绑定的各个事件处理函数均可被执行;而 JavaScript 的 load 事件则只能使用一次,也就是只有最后一次为其指定的事件处理函数是可以被执行的。

例如,若页面中包含以下 jQuery 程序,则通过浏览器打开该页面时会依次打开 3 个对话框,即 Hello,World1!、Hello,World2!与 Hello,World3!对话框。

```
<script type="text/javascript" src="jQuery/jquery.js"></script>
<script type="text/javascript">
$(document).ready(function(){
    alert("Hello,World1!");
});
$(document).ready(function(){
    alert("Hello,World2!");
});
$(document).ready(function(){
    alert("Hello,World3!");
});
</script>
```

类似地，若页面中包含以下 JavaScript 脚本，则通过浏览器打开该页面时只会打开 1 个对话框，即 Hello,World3!对话框。

```
<script type="text/javascript">
window.onload = function(){
    alert("Hello,World1!");
}
window.onload = function(){
    alert("Hello,World2!");
}
window.onload = function(){
    alert("Hello,World3!");
}
</script>
```

📖 说明：　HTML 文档的加载是按顺序进行的，这与浏览器的渲染方式有关。通常，浏览器对于 HTML 文档的渲染操作可分为以下几个步骤。

(1) 解析 HTML 结构。

(2) 加载外部脚本与样式表文件。

(3) 解析并执行脚本代码。

(4) 构造 HTML DOM 模型。

(5) 加载图片等外部文件。

(6) 页面加载完毕。

本 章 小 结

本章介绍了 jQuery 的概况，详细讲解了 jQuery 的下载、添加、引用与测试方法以及 jQuery 程序开发工具的基本用法，并通过具体实例说明了 jQuery 程序的基本形式及其设计的基本方法。通过本章的学习，应熟知 jQuery 应用的基础知识，并熟练掌握 Dreamweaver 网页设计工具的基本用法与 jQuery 程序设计的基本方法。

思 考 题

1. jQuery 有何优点？
2. jQuery 的主要功能有哪些？
3. 在页面中如何引用 jQuery 库文件？
4. 简述在 Dreamweaver 中创建站点的主要步骤。
5. 简述在 Dreamweaver 中创建页面的基本方法。
6. 简述在 Dreamweaver 中预览页面的基本方法。
7. 写出常用的 jQuery 程序的基本形式。
8. 写出$(document).ready()的简写形式。

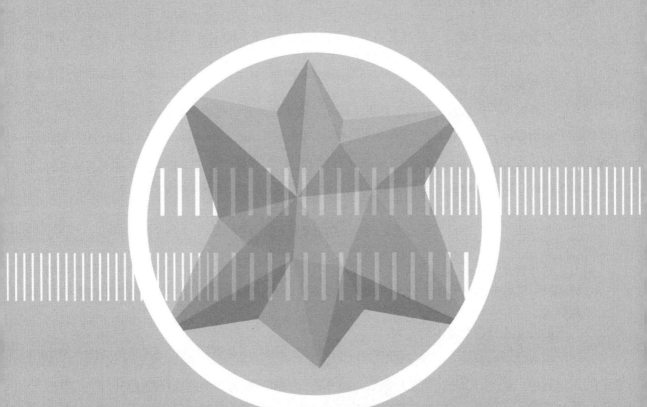

第 2 章

jQuery 选择器

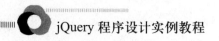

对于 jQuery 来说，选择器是其十分重要的应用基础。jQuery 的选择器为数众多，易于使用，可充分满足各种元素选定的需求。

本章要点：

选择器简介；基本选择器；层次选择器；表单选择器；过滤选择器。

学习目标：

了解 jQuery 选择器的概况；掌握各种基本选择器的使用方法；掌握各种层次选择器的使用方法；掌握各种表单选择器的使用方法；掌握各种过滤选择器的使用方法。

2.1　选择器简介

选择器是 jQuery 应用的基础，主要用于获取页面中的有关元素，以便进一步对选中的元素执行某些操作。其实，jQuery 的选择器类似于 CSS 的选择器，不但简洁易用，而且功能强大。

jQuery 选择器的基本格式为：

```
$(selector)
```

其中，$()为 jQuery 的工厂函数，而参数 selector 则为相应的选择符(通常为字符串形式)。例如：

```
$("#username")
$("div")
$(".myClass")
```

jQuery 选择器的结果是由其匹配的所有元素所构成的一个包装集，内含与匹配元素相对应的 jQuery 对象。基于选择器，可进一步根据需要调用有关方法对其所选中的元素进行相应的操作。其基本格式为：

```
$(selector).methodName([parameterList]);
```

其中，methodName 为方法名，parameterList 则为相应的参数列表(必要时指定)。例如：

```
$("div").show();   //显示页面中的<div>元素
$("div").hide();   //隐藏页面中的<div>元素
```

jQuery 支持链式操作，也就是多个有关方法允许以链的形式串联起来，并依次执行。例如：

```
//显示页面中的<div>元素，并为其添加类名为myClass 的 CSS 样式类
$("div").show().addClass("myClass");
//显示页面中的<div>元素，并删除其所应用的类名为myClass 的 CSS 样式类
$("div").show().removeClass("myClass");
```

jQuery 选择器类型众多，根据其所完成功能的不同，可分为四大类，即基本选择器、层次选择器、表单选择器与过滤选择器。

2.2　基本选择器

基本选择器在实际中的应用十分广泛，也是其他类型选择器的基础。在 jQuery 中，基本选择器包括 ID 选择器、标记选择器、类名选择器、交集选择器、并集选择器与全局选择器。

2.2.1　ID 选择器

ID 选择器根据 HTML DOM 元素的 id 属性值来匹配元素，其语法格式为：

```
$("#idValue")
```

其中，idValue 为元素的 id 属性值。例如，要获取 id 属性值为 username 的元素，可使用以下 ID 选择器：

```
$("#username")
```

通常，在设计页面时，应确保其中每个元素的 id 属性值都是唯一的。这样，使用 ID 选择器，只需指定正确的 id 属性值，即可获取与其相对应的唯一的一个元素。

【**实例 2-1**】如图 2-1(a)所示，为"ID 选择器示例"页面 basic_Id.html，内含"确定"与"取消"两个按钮。单击"确定"按钮时，将打开如图 2-1(b)所示的对话框；而单击"取消"按钮时，则打开如图 2-1(c)所示的对话框。

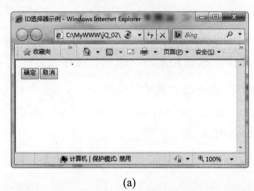

(a)

(b)　　　　　　　　　　　(c)

图 2-1　"ID 选择器示例"页面与操作结果对话框

主要步骤：

(1) 在站点 MyWWW 中创建一个新的目录 jQ_02。

(2) 在站点的 jQ_02 目录中创建一个子目录 jQuery，然后将 jQuery 库文件置于其中，并重命名为 jquery.js。

(3) 在站点的 jQ_02 目录中新建一个 HTML 页面 basic_Id.html。

(4) 编写页面 basic_Id.html 的代码。

```html
<html>
<head>
<meta http-equiv="Content-Type" content="text/html; charset=utf-8">
<title>ID 选择器示例</title>
<script type="text/javascript" src="./jQuery/jquery.js"></script>
<script type="text/javascript">
$(document).ready(function(){
  $("#Yes").click(function(){
    alert("您单击了"确定"按钮！");
  });
  $("#No").click(function(){
    alert("您单击了"取消"按钮！");
  });
});
</script>
</head>
<body>
<button id="Yes">确定</button>
<button id="No">取消</button>
</body>
</html>
```

代码解析：在本实例中，$("#Yes")与$("#No")均为 ID 选择器，分别用于获取 id 值为 Yes 与 No 的元素，即"确定"按钮元素与"取消"按钮元素。

📖 说明： jQuery 中的 ID 选择器相当于传统的 JavaScript 中的 document.getElementById() 方法。不过，getElementById()方法返回的是 DOM 对象，而 ID 选择器返回的则是 jQuery 对象。

2.2.2 标记选择器

标记选择器根据 HTML DOM 元素的标记名来匹配元素，其语法格式为：

```
$("tagName")
```

其中，tagName 为元素的标记名。例如，要获取页面中所有的<div>元素，可使用以下标记选择器：

```
$("div")
```

通常，在一个页面中，同一个标记可能会出现多次。因此，使用标记选择器所获取的元素往往会有多个。此时，为获取其中的某个元素，可调用 eq()方法。该方法的语法格式为：

```
eq(index)
```

其中，index 为相应元素的索引值(索引值从 0 开始计数)。

与选择器一样，eq()方法返回的结果也是包装集，只是其中只包含一个元素(jQuery 对象)而已。

📖 **说明：** 由于 HTML 的标记通常又称为标签，因此标记选择器一般又称为标签选择器。

【**实例 2-2**】如图 2-2(a)所示，为"标记选择器示例"页面 basic_Tag.html，内含"确定"与"取消"两个按钮。单击"确定"按钮时，将打开如图 2-2(b)所示的对话框；而单击"取消"按钮时，则打开如图 2-2(c)所示的对话框。

(a)

(b)　　　　(c)

图 2-2　"标记选择器示例"页面与操作结果对话框

主要步骤：

(1) 在站点的 jQ_02 目录中新建一个 HTML 页面 basic_Tag.html。

(2) 编写页面 basic_Tag.html 的代码。

```html
<html>
<head>
<meta http-equiv="Content-Type" content="text/html; charset=utf-8">
<title>标记选择器示例</title>
<script type="text/javascript" src="./jQuery/jquery.js"></script>
<script type="text/javascript">
$(document).ready(function(){
  $("button").eq(0).click(function(){
    alert("您单击了"确定"按钮！");
  });
  $("button").eq(1).click(function(){
    alert("您单击了"取消"按钮！");
  });
});
```

```
</script>
</head>
<body>
<button id="Yes">确定</button>
<button id="No">取消</button>
</body>
</html>
```

代码解析：在本实例中，$("button")为标记选择器，用于获取页面中的<button>元素，即"确定"按钮元素与"取消"按钮元素。其中，前者的索引号为 0，后者的索引号为 1。因此，$("button").eq(0)返回的是与"确定"按钮元素相对应的 jQuery 对象，$("button").eq(1)返回的是与"取消"按钮元素相对应的 jQuery 对象。

说明： jQuery 中的标记选择器相当于传统的 JavaScript 中的 document.getElementsByTagName() 方法。不过，getElementsByTagName()方法返回的是相应 DOM 对象构成的数组，而标记选择器返回的则是相应 jQuery 对象构成的包装集。

2.2.3 类名选择器

类名选择器根据 HTML DOM 元素所使用的 CSS 样式类的名称来匹配元素，其语法格式为：

```
$(".className")
```

其中，className 为 CSS 样式类名。例如，要获取页面中所有使用 CSS 样式类名为 myClass 的元素，可使用以下类名选择器：

```
$(".myClass")
```

通常，在一个页面中，同一个 CSS 样式类名可能会被使用多次，而且不同类型的元素也可以使用相同的 CSS 样式类。因此，使用类名选择器所获取的元素往往也会有多个。

【实例 2-3】如图 2-3(a)所示，为"类名选择器示例"页面 basic_Class.html，内含"确定"与"取消"两个按钮。单击"确定"按钮时，将打开如图 2-3(b)所示的对话框；而单击"取消"按钮时，则打开如图 2-3(c)所示的对话框。

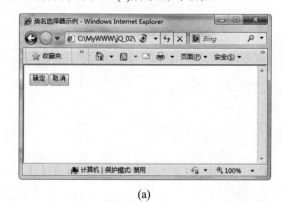

(a)

图 2-3 "类名选择器示例"页面与操作结果对话框

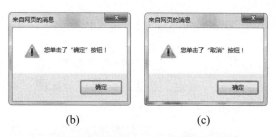

（b）　　　　　　　　（c）

图 2-3　"类名选择器示例"页面与操作结果对话框(续)

主要步骤：

(1)　在站点的 jQ_02 目录中新建一个 HTML 页面 basic_Class.html。

(2)　编写页面 basic_Class.html 的代码。

```html
<html>
<head>
<meta http-equiv="Content-Type" content="text/html; charset=utf-8">
<title>类名选择器示例</title>
<script type="text/javascript" src="./jQuery/jquery.js"></script>
<script type="text/javascript">
$(document).ready(function(){
  $(".yesClass").click(function(){
    alert("您单击了"确定"按钮！");
  });
  $(".noClass").click(function(){
    alert("您单击了"取消"按钮！");
  });
});
</script>
</head>
<body>
<button class="yesClass">确定</button>
<button class="noClass">取消</button>
</body>
</html>
```

代码解析：在本实例中，$(".yesClass")与$(".noClass") 均为类名选择器，分别用于获取 class 属性值为 yesClass 与 noClass 的元素，即"确定"按钮元素与"取消"按钮元素。

2.2.4　交集选择器

交集选择器根据多个直接连接的选择符来匹配元素，最终所获取的元素就是这些选择符共同匹配的元素。因此，交集选择器的结果其实就是多个选择器结果的交集。

交集选择器的语法格式为：

```
$("selector1selector2...selectorN")
```

其中，selector1 为标记选择器的选择符，而 selector2、…、selectorN 则为 ID 选择器或类名选择器的选择符。可见，将一个标记选择符与若干个 ID 选择符或类名选择符直接连

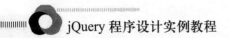
接在一起(选择符之间不能有空格或其他符号)，即可构成一个交集选择器的选择符(简称交集选择符)。

【实例 2-4】如图 2-4(a)所示，为"交集选择器示例"页面 basic_Inter.html，内含"确定"与"取消"两个按钮。单击"确定"按钮时，将打开如图 2-4(b)所示的对话框；而单击"取消"按钮时，则打开如图 2-4(c)所示的对话框。

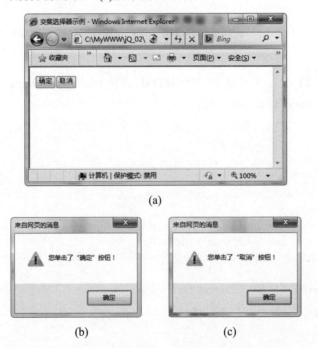

(a)

(b)   (c)

图 2-4   "交集选择器示例"页面与操作结果对话框

主要步骤：

(1) 在站点的 jQ_02 目录中新建一个 HTML 页面 basic_Inter.html。

(2) 编写页面 basic_Inter.html 的代码。

```html
<html>
<head>
<meta http-equiv="Content-Type" content="text/html; charset=utf-8">
<title>交集选择器示例</title>
<script type="text/javascript" src="./jQuery/jquery.js"></script>
<script type="text/javascript">
$(document).ready(function(){
  $("button.yesClass").click(function(){
    alert("您单击了"确定"按钮！");
  });
  $("button.noClass").click(function(){
    alert("您单击了"取消"按钮！");
  });
});
</script>
</head>
```

```
<body>
<button class="yesClass">确定</button>
<button class="noClass">取消</button>
</body>
</html>
```

代码解析：在本实例中，$("button.yesClass")与$("button.noClass")均为交集选择器，分别用于获取 class 属性值为 yesClass 与 noClass 的<button>元素，即"确定"按钮元素与"取消"按钮元素。

2.2.5　并集选择器

并集选择器根据多个以逗号","连接的选择符来匹配元素，最终所获取的元素就是这些选择符分别匹配的元素。因此，并集选择器的结果其实就是多个选择器结果的并集。

并集选择器的语法格式为：

```
$("selector1,selector2,...,selectorN")
```

其中，selector1、selector2、…、selectorN 为 ID 选择器、标记选择器、类名选择器或交集选择器的选择符。可见，将若干个 ID 选择符、标记选择符、类名选择符或交集选择符用逗号","连接在一起，即可构成一个并集选择器的选择符(简称并集选择符)。

【实例 2-5】如图 2-5(a)所示，为"并集选择器示例"页面 basic_Union.html，内含一个 P 元素、一个 DIV 元素、一个 SPAN 元素与一个"确定"按钮。单击"确定"按钮，可为 DIV 元素与 SPAN 元素添加红色背景，如图 2-5(b)所示。

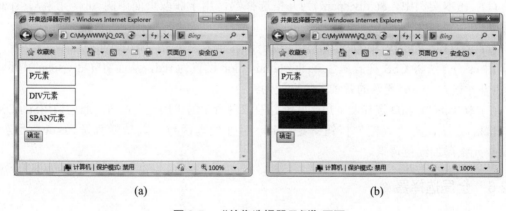

|(a)|(b)|

图 2-5　"并集选择器示例"页面

主要步骤：

(1) 在站点的 jQ_02 目录中新建一个 HTML 页面 basic_Union.html。

(2) 编写页面 basic_Union.html 的代码。

```
<html>
<head>
<meta http-equiv="Content-Type" content="text/html; charset=utf-8">
<title>并集选择器示例</title>
<style type="text/css">
```

```
.myClass{
        border:1px solid blue;
        margin:5px;
        height:35px;
        width:100px;
        padding:5px;
    }
</style>
<script type="text/javascript" src="./jQuery/jquery.js"></script>
<script type="text/javascript">
$(document).ready(function(){
  $("#OK").click(function(){
      $("div,span").css("background-color","red");
  });
});
</script>
</head>
<body>
<p class="myClass">P 元素</p>
<div class="myClass">DIV 元素</div>
<span class="myClass">SPAN 元素</span><br>
<button id="OK">确定</button>
</body>
</html>
```

代码解析：

(1) 在本实例中，$("div,span")为并集选择器，用于获取页面中的<div>元素与<span>元素。

(2) css()为 jQuery 中的一个方法，用于设置元素的 CSS 样式属性。在本实例中，通过调用 css()方法将 CSS 样式属性 background-color 设置为 red，从而将$("div,span")所匹配的<div>元素与<span>元素的背景颜色设置为红色。

(3) $("#OK")为 ID 选择器，用于匹配并获取网页中的"确定"按钮。通过调用$("#OK")的 click()方法，为"确定"按钮绑定 click 事件处理函数，其功能就是为<div>元素与<span>元素添加红色背景。

2.2.6　全局选择器

全局选择器通常又称为通配符选择器，使用通配符"*"作为选择符，可匹配页面上的所有 DOM 元素。其语法格式为：

```
$("*")
```

【实例 2-6】如图 2-6(a)所示，为"全局选择器示例"页面 basic_Global.html，内含一个 P 元素、一个 DIV 元素、一个 SPAN 元素与一个"确定"按钮。单击"确定"按钮，可为页面中的所有元素添加红色边框，如图 2-6(b)所示。

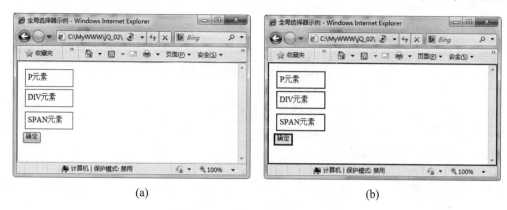

(a)   (b)

图 2-6   "全局选择器示例"页面

主要步骤：

(1) 在站点的 jQ_02 目录中新建一个 HTML 页面 basic_Global.html。

(2) 编写页面 basic_Global.html 的代码。

```html
<html>
<head>
<meta http-equiv="Content-Type" content="text/html; charset=utf-8">
<title>全局选择器示例</title>
<style type="text/css">
.myClass{
        border:1px solid blue;
        margin:5px;
        height:35px;
        width:100px;
        padding:5px;
    }
</style>
<script type="text/javascript" src="./jQuery/jquery.js"></script>
<script type="text/javascript">
$(document).ready(function(){
  $("#OK").click(function(){
    $("*").css("border","2px solid red");
  });
});
</script>
</head>
<body>
<p class="myClass">P 元素</p>
<div class="myClass">DIV 元素</div>
<span class="myClass">SPAN 元素</span><br>
<button id="OK">确定</button>
</body>
</html>
```

代码解析：在本实例中，$("*")为全局选择器，用于获取页面中的所有元素。通过调用$("*")的 css()方法将 CSS 样式属性 border 设置为 2px solid red，从而为页面中的所有元

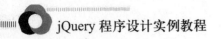

素都添加上红色的实线边框(宽度为2px)。

2.3 层次选择器

所谓层次选择器，就是根据页面内有关元素之间的层次关系或位置关系来匹配元素，通常又称为层级选择器或位置选择器。在 jQuery 中，层次选择器包括后代选择器、子女选择器、近邻选择器与同胞选择器。

2.3.1 后代选择器

后代选择器用于匹配指定祖先元素的有关后代元素，其语法格式为：

```
$("ancestor descendant")
```

其中，ancestor 为用于匹配祖先元素的选择符，descendant 为用于匹配相应的祖先元素的后代元素的选择符，二者之间以空格隔开。例如，要获取页面中<ul>元素下的所有<li>元素，可使用以下后代选择器：

```
$("ul li")
```

【实例 2-7】如图 2-7(a)所示，为"后代选择器示例"页面 level_Descendant.html。单击"确定"按钮，可为页面中 DIV1 元素内的所有 P 元素添加红色背景，如图 2-7(b)所示。

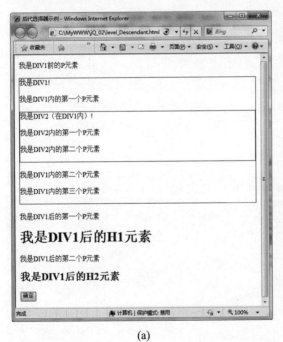
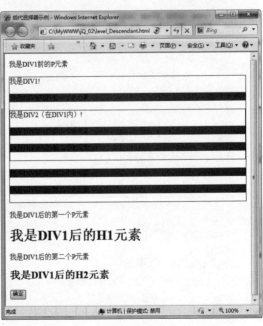

| (a) | (b) |

图 2-7 "后代选择器示例"页面

主要步骤：

(1) 在站点的 jQ_02 目录中新建一个 HTML 页面 level_Descendant.html。

(2)　编写页面 level_Descendant.html 的代码。

```html
<html>
<head>
<meta http-equiv="Content-Type" content="text/html; charset=utf-8">
<title>后代选择器示例</title>
<style type="text/css">
div{
    border:1px solid blue;
}
</style>
<script type="text/javascript" src="./jQuery/jquery.js"></script>
<script type="text/javascript">
$(document).ready(function(){
  $("#OK").click(function(){
    $("#div1 p").css("background-color","red");
  });
});
</script>
</head>
<body>
<p>我是 DIV1 前的 P 元素</p>
<div id="div1">
    我是 DIV1！
    <p>我是 DIV1 内的第一个 P 元素</p>
    <div id="div2">
      我是 DIV2(在 DIV1 内)！
      <p>我是 DIV2 内的第一个 P 元素</p>
      <p>我是 DIV2 内的第二个 P 元素</p>
    </div>
    <p>我是 DIV1 内的第二个 P 元素</p>
    <p>我是 DIV1 内的第三个 P 元素</p>
</div>
<p>我是 DIV1 后的第一个 P 元素</p>
<h1>我是 DIV1 后的 H1 元素</h1>
<p>我是 DIV1 后的第二个 P 元素</p>
<h2>我是 DIV1 后的 H2 元素</h2>
<button id="OK">确定</button>
</body>
</html>
```

代码解析：在本实例中，$("#div1 p")为后代选择器，用于匹配 id 为 div1 的元素(即页面中的 DIV1 元素)的所有后代<p>元素，包括 DIV2 元素内的<p>元素(因为 DIV2 元素为 DIV1 元素的子元素)。

2.3.2　子女选择器

子女选择器用于匹配指定双亲元素的有关子女元素，其语法格式为：

```
$("parent>child")
```

其中，parent 为用于匹配双亲元素的选择符，child 为用于匹配相应的双亲元素的子女元素的选择符，二者之间以 ">" 隔开。例如，要获取页面表单中的所有直接<input>子元素，可使用以下子女选择器：

```
$("form>input");
```

【实例 2-8】如图 2-8(a)所示，为 "子女选择器示例" 页面 level_Child.html。单击 "确定" 按钮，可为页面中 DIV1 元素内的属于直接子元素的 P 元素添加红色背景，如图 2-8(b)所示。

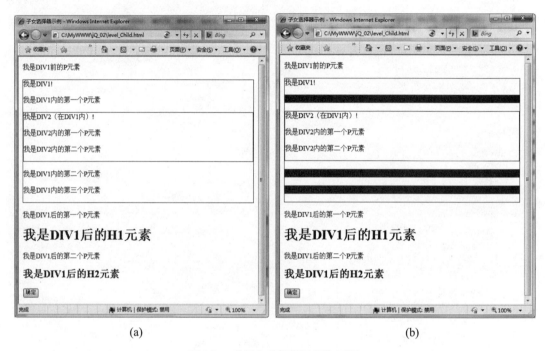

(a)   (b)

图 2-8   "子女选择器示例" 页面

主要步骤：

(1) 在站点的 jQ_02 目录中新建一个 HTML 页面 level_Child.html。

(2) 编写页面 level_Child.html 的代码。

```
<html>
<head>
<meta http-equiv="Content-Type" content="text/html; charset=utf-8">
<title>子女选择器示例</title>
<style type="text/css">
div{
    border:1px solid blue;
}
</style>
<script type="text/javascript" src="./jQuery/jquery.js"></script>
<script type="text/javascript">
$(document).ready(function(){
```

```
$("#OK").click(function(){
    $("#div1>p").css("background-color","red");
});
});
</script>
</head>
<body>
<p>我是 DIV1 前的 P 元素</p>
<div id="div1">
    我是 DIV1！
    <p>我是 DIV1 内的第一个 P 元素</p>
    <div id="div2">
        我是 DIV2(在 DIV1 内)！
        <p>我是 DIV2 内的第一个 P 元素</p>
        <p>我是 DIV2 内的第二个 P 元素</p>
    </div>
    <p>我是 DIV1 内的第二个 P 元素</p>
    <p>我是 DIV1 内的第三个 P 元素</p>
</div>
<p>我是 DIV1 后的第一个 P 元素</p>
<h1>我是 DIV1 后的 H1 元素</h1>
<p>我是 DIV1 后的第二个 P 元素</p>
<h2>我是 DIV1 后的 H2 元素</h2>
<button id="OK">确定</button>
</body>
</html>
```

代码解析：在本实例中，$("#div1>p")为子女选择器，用于匹配 id 为 div1 的元素(即页面中的 DIV1 元素)的所有子女<p>元素。在此，并不包括 DIV2 元素内的<p>元素(因为 DIV2 元素为 DIV1 元素的直接子元素，而 DIV2 元素内的<p>元素则不是)。

2.3.3　近邻选择器

近邻选择器用于匹配在指定元素后的同级(或同辈)的相邻的元素，其语法格式为：

```
$("prev+next")
```

其中，prev 为用于匹配指定元素的选择符，next 为用于匹配在相应的指定元素后的同级的相邻的元素的选择符，二者之间以"+"隔开。例如，要获取页面中紧跟在<div>元素后的<img>元素，可使用以下近邻选择器：

```
$("div+img")
```

【实例 2-9】如图 2-9(a)所示，为"近邻选择器示例"页面 level_Next.html。单击"确定"按钮，可为页面中紧跟在 DIV 元素后的 P 元素添加红色背景，如图 2-9(b)所示。

主要步骤：

(1)　在站点的 jQ_02 目录中新建一个 HTML 页面 level_Next.html。

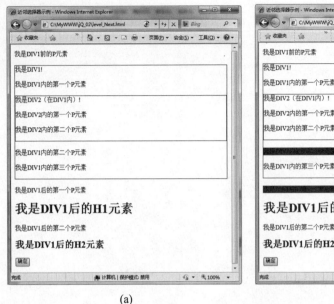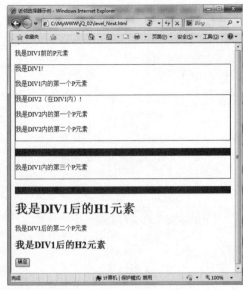

(a)   (b)

图 2-9   "近邻选择器示例"页面

(2) 编写页面 level_Next.html 的代码。

```html
<html>
<head>
<meta http-equiv="Content-Type" content="text/html; charset=utf-8">
<title>近邻选择器示例</title>
<style type="text/css">
div{
    border:1px solid blue;
}
</style>
<script type="text/javascript" src="./jQuery/jquery.js"></script>
<script type="text/javascript">
$(document).ready(function(){
  $("#OK").click(function(){
    $("div+p").css("background-color","red");
  });
});
</script>
</head>
<body>
<p>我是 DIV1 前的 P 元素</p>
<div id="div1">
    我是 DIV1！
    <p>我是 DIV1 内的第一个 P 元素</p>
    <div id="div2">
      我是 DIV2(在 DIV1 内)！
      <p>我是 DIV2 内的第一个 P 元素</p>
      <p>我是 DIV2 内的第二个 P 元素</p>
    </div>
    <p>我是 DIV1 内的第二个 P 元素</p>
```

```
    <p>我是 DIV1 内的第三个 P 元素</p>
</div>
<p>我是 DIV1 后的第一个 P 元素</p>
<h1>我是 DIV1 后的 H1 元素</h1>
<p>我是 DIV1 后的第二个 P 元素</p>
<h2>我是 DIV1 后的 H2 元素</h2>
<button id="OK">确定</button>
</body>
</html>
```

代码解析：在本实例中，$("div+p")为近邻选择器，用于匹配紧跟在<div>元素(即页面中的 DIV1 元素与 DIV2 元素)后的相邻的<p>元素。

2.3.4　同胞选择器

同胞选择器用于匹配在指定元素后的有关同胞元素(即与指定元素同辈的元素)，其语法格式为：

```
$("prev~siblings")
```

其中，prev 为用于匹配指定元素的选择符，siblings 为用于匹配在相应的指定元素后的同胞元素的选择符，二者之间以"~"隔开。例如，要获取页面中在<div>元素后的同辈的<img>元素，可使用以下同胞选择器：

```
$("div~img")
```

【实例 2-10】如图 2-10(a)所示，为"同胞选择器示例"页面 level_Siblings.html。单击"确定"按钮，可为页面中在 DIV 元素后的同辈的 P 元素添加红色背景，如图 2-10(b)所示。

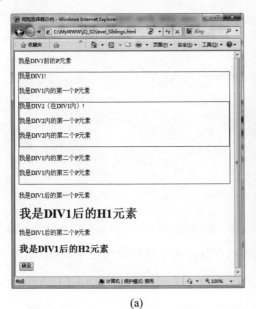 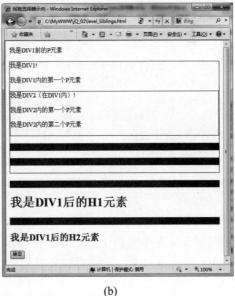

(a)　　　　　　　　　　　　　　(b)

图 2-10　"同胞选择器示例"页面

主要步骤：

(1) 在站点的 jQ_02 目录中新建一个 HTML 页面 level_Siblings.html。

(2) 编写页面 level_Siblings.html 的代码。

```html
<html>
<head>
<meta http-equiv="Content-Type" content="text/html; charset=utf-8">
<title>同胞选择器示例</title>
<style type="text/css">
div{
    border:1px solid blue;
}
</style>
<script type="text/javascript" src="./jQuery/jquery.js"></script>
<script type="text/javascript">
$(document).ready(function(){
  $("#OK").click(function(){
    $("div~p").css("background-color","red");
  });
});
</script>
</head>
<body>
<p>我是 DIV1 前的 P 元素</p>
<div id="div1">
    我是 DIV1！
    <p>我是 DIV1 内的第一个 P 元素</p>
    <div id="div2">
      我是 DIV2(在 DIV1 内)！
      <p>我是 DIV2 内的第一个 P 元素</p>
      <p>我是 DIV2 内的第二个 P 元素</p>
    </div>
    <p>我是 DIV1 内的第二个 P 元素</p>
    <p>我是 DIV1 内的第三个 P 元素</p>
</div>
<p>我是 DIV1 后的第一个 P 元素</p>
<h1>我是 DIV1 后的 H1 元素</h1>
<p>我是 DIV1 后的第二个 P 元素</p>
<h2>我是 DIV1 后的 H2 元素</h2>
<button id="OK">确定</button>
</body>
</html>
```

代码解析：在本实例中，$("div~p")为同胞选择器，用于匹配紧跟在<div>元素(即页面中的 DIV1 元素与 DIV2 元素)后的所有同辈的<p>元素。

2.4　表单选择器

顾名思义，表单选择器用于匹配经常在表单内出现的元素。不过，表单选择器所匹配的元素不一定都出现在表单中。jQuery 所提供的表单选择器如下。

- $(":button")：匹配所有的按钮，包括<button>元素与 type="button"的<input>元素。
- $(":checkbox")：匹配所有的复选框，等价于$("input[type=checkbox]")。
- $(":file")：匹配所有的文件域，等价于$("input[type=file]")。
- $(":hidden")：匹配所有的不可见元素，包括 type="hidden"的<input>元素(即隐藏域)。
- $(":image")：匹配所有的图像域，等价于$("input[type=image]")。
- $(":input")：匹配所有的输入元素，包括<input>、<select>、<textarea>与<button>元素。
- $(":password")：匹配所有的密码域，等价于$("input[type=password]")。
- $(":radio")：匹配所有的单选按钮，等价于$("input[type=radio]")。
- $(":reset")：匹配所有的重置按钮，包括 type="reset"的<input>元素与<button>元素。
- $(":submit ")：匹配所有的提交按钮，包括 type="submit"的<input>元素与<button>元素。
- $(":text ")：匹配所有的文本框(即单行编辑框)，等价于$("input[type=text]")。

【实例 2-11】如图 2-11(a)所示，为"表单选择器示例"页面 form.html。单击"单选按钮""复选框""文本框""密码域""提交按钮"或"重置按钮"按钮，可为相应的元素添加红色背景；单击"普通按钮"按钮，可为相应的按钮元素添加蓝色背景；单击"表单元素"按钮，可为所有的表单元素添加绿色背景。如图 2-11(b)所示，即为单击"表单元素"按钮后的页面效果。

(a)

图 2-11　"表单选择器示例"页面

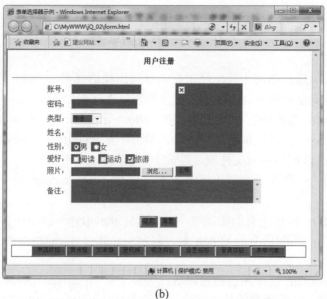

(b)

图 2-11 "表单选择器示例"页面(续)

主要步骤:

(1) 在站点的 jQ_02 目录中新建一个 HTML 页面 form.html。

(2) 编写页面 form.html 的代码。

```html
<html>
<head>
<meta http-equiv="Content-Type" content="text/html; charset=utf-8">
<title>表单选择器示例</title>
<style type="text/css">
div{
    border:1px solid blue;
}
</style>
<script type="text/javascript" src="./jQuery/jquery.js"></script>
<script type="text/javascript">
$(document).ready(function(){
  $("#btnRadio").click(function(){
    $(":radio").css("background-color","red");
  });
  $("#btnCheckbox").click(function(){
    $(":checkbox").css("background-color","red");
  });
  $("#btnText").click(function(){
    $(":text").css("background-color","red");
  });
  $("#btnPassword").click(function(){
    $(":password").css("background-color","red");
  });
  $("#btnSubmit").click(function(){
```

```
    $(":submit").css("background-color","red");
  });
  $("#btnReset").click(function(){
    $(":reset").css("background-color","red");
  });
  $("#btnButton").click(function(){
    $(":button").css("background-color","blue");
  });
  $("#btnInput").click(function(){
    $(":input").css("background-color","green");
  });
});
</script>
</head>
<body>
<form>
<p align="center"><strong>用户注册</strong></p>
<hr>
<table width="500" border="0" align="center">
  <tr>
    <td>账号：</td>
    <td><input type="text" name="account" id="account"></td>
    <td colspan="2" rowspan="5"><input type="image" src="" width="150"
height="150" disabled></td>
  </tr>
  <tr>
    <td>密码：</td>
    <td><input type="password" name="password" id="password"></td>
  </tr>
  <tr>
    <td>类型：</td>
    <td><select name="type" id="type">
      <option value="管理员">管理员</option>
      <option value="教师">教师</option>
      <option value="学生" selected>学生</option>
    </select></td>
  </tr>
  <tr>
    <td>姓名：</td>
    <td><input type="text" name="name" id="name"></td>
  </tr>
  <tr>
    <td>性别：</td>
    <td><input name="sex" type="radio" id="sex" value="男" checked>男
      <input type="radio" name="sex" id="sex" value="女">女</td>
  </tr>
  <tr>
    <td>爱好：</td>
    <td><input type="checkbox" name="hobby" value="阅读">阅读
      <input type="checkbox" name="hobby" value="运动">运动
```

```
        <input name="hobby" type="checkbox" value="旅游" checked>旅游</td>
      </tr>
      <tr>
        <td>照片：</td>
        <td colspan="3"><input name="photo" type="file">
          <input type="button" name="upload" id="upload" value="上传"></td>
      </tr>
      <tr>
        <td>备注：</td>
        <td colspan="3"><textarea name="remarks" id="remarks" cols="50"
rows="3"></textarea></td>
      </tr>
      <tr align="center">
        <td colspan="4"> </td>
      </tr>
      <tr align="center">
        <td colspan="4"><input name="submit" type="submit" value="提交">
        <input name="reset" type="reset" value="重置"></td>
      </tr>
</table>
</form>
<hr>
<div align="center">
<button id="btnRadio">单选按钮</button>
<button id="btnCheckbox">复选框</button>
<button id="btnText">文本框</button>
<button id="btnPassword">密码域</button>
<button id="btnSubmit">提交按钮</button>
<button id="btnReset">重置按钮</button>
<button id="btnButton">普通按钮</button>
<button id="btnInput">表单元素</button>
</div>
</body>
</html>
```

2.5 过滤选择器

使用 jQuery 的基本选择器、层次选择器或表单选择器，即可从页面中获取一组相应的元素。在此基础上，为进一步筛选出符合指定条件的元素，可考虑配合使用过滤选择器。过滤选择器通常又简称为过滤器，可根据需要将元素的索引值、内容、属性、子元素位置、表单域属性以及可见性等作为筛选条件。在 jQuery 中，过滤选择器可细分为简单过滤器、内容过滤器、属性过滤器、子元素过滤器、可见性过滤器与表单域属性过滤器。其中，属性过滤器需使用方括号"[]"括起来，而其他类型的过滤器则以冒号":"开头。

2.5.1 简单过滤器

简单过滤器用于实现简单的筛选操作，如获取一组元素中的第一个元素、最后一个元素等。jQuery 所提供的简单过滤器如下。

- :first：获取第一个元素。例如，$("p:first")可获取第一个<p>元素。
- :last：获取最后一个元素。例如，$("p:last ")可获取最后一个<p>元素。
- :even：获取索引值为偶数的元素(索引值从 0 开始计数)。例如，$("tr:even")可获取索引值为偶数的行(即<tr>元素)。
- :odd：获取索引值为奇数的元素。例如，$("tr:odd")可获取索引值为奇数的行。
- :eq(index)：获取索引值为指定值 index 的元素。例如，$("tr:eq(0)")可获取索引值为 0 的行。
- :gt(index)：获取索引值大于指定值 index 的元素。例如，$("tr:gt(0)")可获取索引值大于 0 的行。
- :lt(index)：获取索引值小于指定值 index 的元素。例如，$("tr:lt(2)")可获取索引值小于 2 的行。
- :animated：获取正在执行动画效果的元素(即处于动画状态中的元素)。例如，$("div:animated")可获取正在执行动画效果的<div>元素。
- :header：获取标题元素(包括<h1>、<h2>、<h3>、…、<h6>元素)。例如，$("*:header")可获取所有的标题元素。
- :not(selector|filter)：去除所有与指定选择器 selector 或过滤器 filter 匹配的元素。例如，$("p:not(:first)") 可获取除了第一个以外的所有<p>元素。

【实例 2-12】如图 2-12(a)所示，为"简单过滤器示例"页面 filte_simple.html。单击"确定"按钮，可为页面中的标题元素添加红色背景，并为第一个、最后一个以及索引值为 2 的 p 元素添加灰色背景，如图 2-12(b)所示。

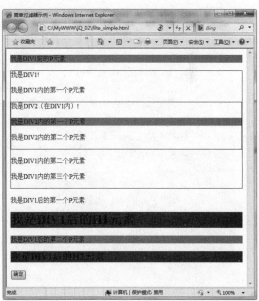

(a)　　　　　　　　　　　　　(b)

图 2-12　"简单过滤器示例"页面

主要步骤:

(1) 在站点的 jQ_02 目录中新建一个 HTML 页面 filte_simple.html。

(2) 编写页面 filte_simple.html 的代码。

```html
<html>
<head>
<meta http-equiv="Content-Type" content="text/html; charset=utf-8">
<title>简单过滤器示例</title>
<style type="text/css">
div{
    border:1px solid blue;
}
</style>
<script type="text/javascript" src="./jQuery/jquery.js"></script>
<script type="text/javascript">
$(document).ready(function(){
  $("#OK").click(function(){
    $("*:header").css("background-color","red");
     $("p:first").css("background-color","grey");
     $("p:last").css("background-color","grey");
     $("p:eq(2)").css("background-color","grey");
  });
});
</script>
</head>
<body>
<p>我是 DIV1 前的 P 元素</p>
<div id="div1">
    我是 DIV1!
    <p>我是 DIV1 内的第一个 P 元素</p>
    <div id="div2">
      我是 DIV2(在 DIV1 内)!
      <p>我是 DIV2 内的第一个 P 元素</p>
      <p>我是 DIV2 内的第二个 P 元素</p>
    </div>
    <p>我是 DIV1 内的第二个 P 元素</p>
    <p>我是 DIV1 内的第三个 P 元素</p>
</div>
<p>我是 DIV1 后的第一个 P 元素</p>
<h1>我是 DIV1 后的 H1 元素</h1>
<p>我是 DIV1 后的第二个 P 元素</p>
<h2>我是 DIV1 后的 H2 元素</h2>
<button id="OK">确定</button>
</body>
</html>
```

代码解析:$("*:header")用于匹配所有的标题元素(在本实例中包括<h1>与<h2>元素),可简写为$(":header")。

2.5.2　内容过滤器

内容过滤器较为灵活，可根据元素包含的文本内容以及是否含有匹配的元素执行筛选操作。jQuery 所提供的内容过滤器共有 4 种，分别如下。

- :contains(text)：获取包含指定文本 text 的元素。例如，$("td:contains('卢')")可获取包含有"卢"字的单元格(即<td>元素)。
- :has(selector)：获取包含指定选择器 selector 所匹配的元素的元素。例如，$("td:has(img)")可获取包含< img >标记的单元格。
- :empty：获取不包含子元素或者文本内容(空格除外)的空元素。例如，$("td:empty")可获取空的单元格，即不包含子元素或者文本内容的单元格。
- :parent：获取包含子元素或者文本内容的元素。例如，$("td:parent")可获取不为空的单元格，也就是包括子元素或者文本内容的单元格。

【实例 2-13】如图 2-13(a)所示，为"内容过滤器示例"页面 filte_content.html。单击"确定"按钮，可为页面中包含"第一个"的<p>元素添加灰色背景，并为包含<div>元素的<div>元素添加红色边框，如图 2-13(b)所示。

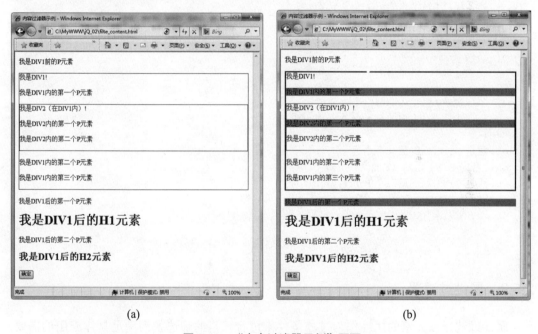

(a)　　　　　　　　　　　　　　　　(b)

图 2-13　"内容过滤器示例"页面

主要步骤：

(1) 在站点的 jQ_02 目录中新建一个 HTML 页面 filte_content.html。

(2) 编写页面 filte_content.html 的代码。

```
<html>
<head>
<meta http-equiv="Content-Type" content="text/html; charset=utf-8">
```

```
<title>内容过滤器示例</title>
<style type="text/css">
div{
    border:1px solid blue;
}
</style>
<script type="text/javascript" src="./jQuery/jquery.js"></script>
<script type="text/javascript">
$(document).ready(function(){
  $("#OK").click(function(){
     $("p:contains('第一个')").css("background-color","grey");
     $("div:has('div')").css("border","3px solid red");
  });
});
</script>
</head>
<body>
<p>我是 DIV1 前的 P 元素</p>
<div id="div1">
    我是 DIV1！
    <p>我是 DIV1 内的第一个 P 元素</p>
    <div id="div2">
      我是 DIV2(在 DIV1 内)！
      <p>我是 DIV2 内的第一个 P 元素</p>
      <p>我是 DIV2 内的第二个 P 元素</p>
    </div>
    <p>我是 DIV1 内的第二个 P 元素</p>
    <p>我是 DIV1 内的第三个 P 元素</p>
</div>
<p>我是 DIV1 后的第一个 P 元素</p>
<h1>我是 DIV1 后的 H1 元素</h1>
<p>我是 DIV1 后的第二个 P 元素</p>
<h2>我是 DIV1 后的 H2 元素</h2>
<button id="OK">确定</button>
</body>
</html>
```

2.5.3 属性过滤器

属性过滤器以元素的属性作为过滤条件来进行元素的筛选。为满足具体应用的需要，jQuery 提供了一系列的属性过滤器，具体如下。

- [attribute]：获取包含 attribute 属性的元素。例如，$("input[name]")可获取包含 name 属性的<input>元素。
- [attribute=value]：获取 attribute 属性值为 value 的元素。例如，$("input[name='test']")可获取 name 属性值为 test 的<input>元素。
- [attribute!=value]：获取 attribute 属性值不等于 value 的元素。例如，$("input[name!='test']")可获取 name 属性值不等于 test 的<input>元素。

- [attribute*=value]：获取 attribute 属性值包含 value 的元素。例如，$("input[name*='test']")可获取 name 属性值包含 test 的<input>元素。

- [attribute~=value]：获取 attribute 属性值包含单词 value 的元素。例如，$("input[name~='test']")可获取 name 属性值包含单词 test 的<input>元素。

- [attribute^=value]：获取 attribute 属性值以 value 开始的元素。例如，$("input[name^='test']")可获取 name 属性值以 test 开始的<input>元素。

- [attribute$=value]：获取 attribute 属性值以 value 结束的元素。例如，$("input[name$='test']")可获取 name 属性值以 test 结束的<input>元素。

- [filter1][filter2]...[filterN]：复合属性过滤器(需同时满足多个条件时使用)。例如，$("input[id][name='test']")可获取包含 id 属性且 name 属性值为 test 的<input>元素。

【实例 2-14】如图 2-14(a)所示，为"属性过滤器示例"页面 filte_attribute.html。单击"确定"按钮，可为页面中 class 属性值为 myP 的<p>元素添加灰色背景，如图 2-14(b)所示。

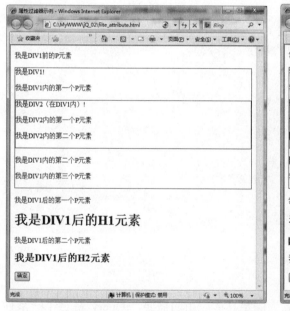
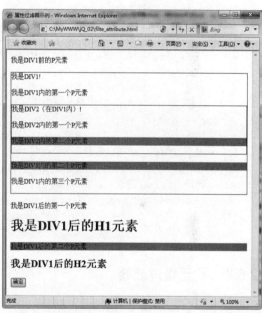

(a)　　　　　　　　　　　　　　　(b)

图 2-14　"属性过滤器示例"页面

主要步骤：

(1) 在站点的 jQ_02 目录中新建一个 HTML 页面 filte_attribute.html。

(2) 编写页面 filte_attribute.html 的代码。

```
<html>
<head>
<meta http-equiv="Content-Type" content="text/html; charset=utf-8">
<title>属性过滤器示例</title>
<style type="text/css">
div{
```

```
    border:1px solid blue;
}
</style>
<script type="text/javascript" src="./jQuery/jquery.js"></script>
<script type="text/javascript">
$(document).ready(function(){
  $("#OK").click(function(){
    $("p[class='myP']").css("background-color","grey");
  });
});
</script>
</head>
<body>
<p>我是 DIV1 前的 P 元素</p>
<div id="div1">
    我是 DIV1！
    <p>我是 DIV1 内的第一个 P 元素</p>
    <div id="div2">
      我是 DIV2（在 DIV1 内）！
      <p>我是 DIV2 内的第一个 P 元素</p>
      <p class="myP">我是 DIV2 内的第二个 P 元素</p>
    </div>
    <p class="myP">我是 DIV1 内的第二个 P 元素</p>
    <p>我是 DIV1 内的第三个 P 元素</p>
</div>
<p>我是 DIV1 后的第一个 P 元素</p>
<h1>我是 DIV1 后的 H1 元素</h1>
<p class="myP">我是 DIV1 后的第二个 P 元素</p>
<h2>我是 DIV1 后的 H2 元素</h2>
<button id="OK">确定</button>
</body>
</html>
```

2.5.4 子元素过滤器

子元素过滤器用于筛选元素的子元素。为满足具体应用的需要，jQuery 提供了一系列的子元素过滤器，具体如下。

- :first-child：获取第一个子元素。例如，对于$("ul li:first-child")，若<ul>元素的第一个子元素为<li>元素，则获取这个元素。
- :last-child：获取最后一个子元素。例如，对于$("ul li:last-child")，若<ul>元素的最后一个子元素为<li>元素，则获取这个元素。
- :only-child：获取唯一的子元素。例如，对于$("ul li:only-child")，若<ul>元素只有唯一的一个子元素，且该子元素为<li>元素，则获取这个元素。
- :nth-child(n)：获取第 n 个子元素(从 1 开始计数)。例如，对于$("ul li:nth-child(6)")，若<ul>元素的第 6 子元素为<li>元素，则获取这个元素。
- :nth-child(odd)：获取所有奇数号的子元素(从 1 开始计数)。例如，$("ul li:nth-

child(odd)")可获取<ul>元素的奇数号且为<li>元素的子元素。

- :nth-child(even)：获取所有偶数号的子元素(从 1 开始计数)。例如，$("ul li:nth-child(even)")可获取<ul>元素的偶数号且为<li>元素的子元素。
- :nth-child(Xn+Y)：获取所有序号符合指定公式 Xn+Y 的子元素(从 1 开始计数)。例如，$("ul li:nth-child(5n+1)")可获取<ul>元素的序号为 5n+1(即 1、6、11、…)且为<li>元素的子元素。

【实例 2-15】如图 2-15(a)所示，为"子元素过滤器示例"页面 filte_subelement.html。单击"确定"按钮，可分别为页面中<div>元素的第 1 个与第 2 个<p>子元素添加红色与灰色背景，如图 2-15(b)所示。

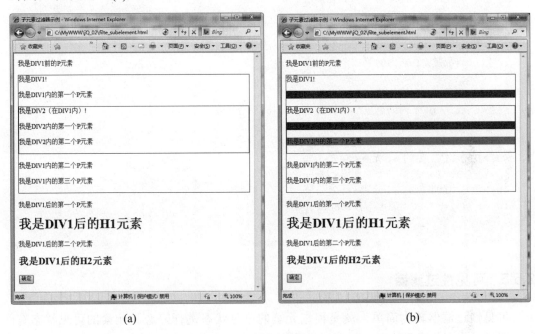

(a)　　　　　　　　　　　　　　(b)

图 2-15　"子元素过滤器示例"页面

主要步骤：

(1) 在站点的 jQ_02 目录中新建一个 HTML 页面 filte_subelement.html。

(2) 编写页面 filte_subelement.html 的代码。

```html
<html>
<head>
<meta http-equiv="Content-Type" content="text/html; charset=utf-8">
<title>子元素过滤器示例</title>
<style type="text/css">
div{
    border:1px solid blue;
}
</style>
<script type="text/javascript" src="./jQuery/jquery.js"></script>
<script type="text/javascript">
$(document).ready(function(){
```

```
$("#OK").click(function(){
    $("div p:first-child").css("background-color","red");
    $("div p:nth-child(2)").css("background-color","grey");
});
});
</script>
</head>
<body>
<p>我是 DIV1 前的 P 元素</p>
<div id="div1">
    我是 DIV1！
    <p>我是 DIV1 内的第一个 P 元素</p>
    <div id="div2">
        我是 DIV2(在 DIV1 内)！
        <p>我是 DIV2 内的第一个 P 元素</p>
        <p>我是 DIV2 内的第二个 P 元素</p>
    </div>
    <p>我是 DIV1 内的第二个 P 元素</p>
    <p>我是 DIV1 内的第三个 P 元素</p>
</div>
<p>我是 DIV1 后的第一个 P 元素</p>
<h1>我是 DIV1 后的 H1 元素</h1>
<p>我是 DIV1 后的第二个 P 元素</p>
<h2>我是 DIV1 后的 H2 元素</h2>
<button id="OK">确定</button>
</body>
</html>
```

2.5.5 可见性过滤器

可见性过滤器较为简单，就是根据元素的可见状态进行筛选。元素的可见状态有两种，即显示状态与隐藏状态。其中，前者是可见的，后者是不可见的。相应地，jQuery 所提供的可见性过滤器也分为以下两种。

- :visible：获取所有的可见元素。例如，$("input:visible")可获取所有可见的<input>元素。

- :hidden：获取所有的不可见元素，包括具有 CSS 样式属性值 display:none(或 visibility:hidden)的元素以及 type 属性值为 hidden 的<input>元素。例如，$("input:hidden")可获取所有不可见的或隐藏的<input>元素。

【实例 2-16】如图 2-16(a)所示，为"可见性过滤器示例"页面 filte_visibility.html。单击"确定"按钮，可为页面中所有可见的<p>元素添加红色背景，同时为所有不可见的<p>元素添加灰色背景并显示，如图 2-16(b)所示。

主要步骤：

(1) 在站点的 jQ_02 目录中新建一个 HTML 页面 filte_visibility.html。

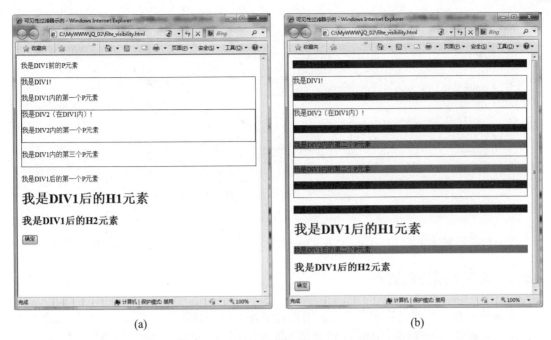

(a)　　　　　　　　　　　(b)

图 2-16　"可见性过滤器示例"页面

(2) 编写页面 filte_visibility.html 的代码。

```html
<html>
<head>
<meta http-equiv="Content-Type" content="text/html; charset=utf-8">
<title>可见性过滤器示例</title>
<style type="text/css">
div{
    border:1px solid blue;
}
</style>
<script type="text/javascript" src="./jQuery/jquery.js"></script>
<script type="text/javascript">
$(document).ready(function(){
  $("#OK").click(function(){
     $("p:visible").css("background-color","red");
     $("p:hidden").css("background-color","grey").show();
  });
});
</script>
</head>
<body>
<p>我是 DIV1 前的 P 元素</p>
<div id="div1">
    我是 DIV1!
    <p>我是 DIV1 内的第一个 P 元素</p>
    <div id="div2">
      我是 DIV2(在 DIV1 内)!
```

```
    <p>我是 DIV2 内的第一个 P 元素</p>
    <p style="display:none">我是 DIV2 内的第二个 P 元素</p>
  </div>
  <p style="display:none">我是 DIV1 内的第二个 P 元素</p>
  <p>我是 DIV1 内的第三个 P 元素</p>
</div>
<p>我是 DIV1 后的第一个 P 元素</p>
<h1>我是 DIV1 后的 H1 元素</h1>
<p style="display:none">我是 DIV1 后的第二个 P 元素</p>
<h2>我是 DIV1 后的 H2 元素</h2>
<button id="OK">确定</button>
</body>
</html>
```

代码解析：在本实例中，show()为 jQuery 中的一个方法，其功能为显示所匹配的元素。

2.5.6 表单域属性过滤器

表单域属性过滤器又称为表单元素属性过滤器，可根据表单元素的状态属性(如选中状态、可用状态等)进行筛选。jQuery 所提供的表单域属性过滤器分为以下 4 种。

- :checked：获取所有被选中的元素。例如，$("input:checked")可获取所有被选中的 <input>元素。
- :disabled：获取所有不可用的(即无效的)元素。例如，$("input:disabled")可获取所有不可用的<input>元素。
- :enabled：获取所有可用的(即有效的)元素。例如，$("input:enabled")可获取所有可用的<input>元素。
- :selected：获取所有被选中的选项元素(即<option>元素)。例如，$("select option:selected")可获取所有被选中的<option>元素。

【实例 2-17】如图 2-17(a)所示，为"表单域属性过滤器示例"页面 filter_form.html。单击"选中的选项"按钮，可为被选中的<option>元素添加红色背景，如图 2-17(b)所示；单击"选中的元素"按钮，可为被选中的<input>元素添加黄色背景，如图 2-17(c)所示；单击"禁用的元素"按钮，可为被禁用的<input>元素添加蓝色背景，如图 2-17(d)所示；单击"可用的元素"按钮，可为所有可用的<input>元素添加绿色背景。如图 2-17(e)所示。

主要步骤：

(1) 在站点的 jQ_02 目录中新建一个 HTML 页面 filter_form.html。

(2) 编写页面 filter_form.html 的代码。

```
<html>
<head>
<meta http-equiv="Content-Type" content="text/html; charset=utf-8">
<title>表单域属性过滤器示例</title>
<style type="text/css">
div{
    border:1px solid blue;
}
</style>
```

```
<script type="text/javascript" src="./jQuery/jquery.js"></script>
<script type="text/javascript">
$(document).ready(function(){
  $("#btnSelected").click(function(){
    $("select option:selected").css("background-color","red");
  });
  $("#btnChecked").click(function(){
    $("input:checked").css("background-color","yellow");
  });
  $("#btnDisabled").click(function(){
    $("input:disabled").css("background-color","blue");
  });
  $("#btnEnabled").click(function(){
    $("input:enabled").css("background-color","green");
  });
});
</script>
</head>
<body>
<form>
<p align="center"><strong>用户注册</strong></p>
<hr>
<table width="500" border="0" align="center">
  <tr>
    <td>账号: </td>
    <td><input type="text" name="account" id="account"></td>
    <td colspan="2" rowspan="5"><input type="image" src="" width="150"
        height="150" disabled></td>
  </tr>
  <tr>
    <td>密码: </td>
    <td><input type="password" name="password" id="password"></td>
  </tr>
  <tr>
    <td>类型: </td>
    <td><select name="type" id="type">
      <option value="管理员">管理员</option>
      <option value="教师">教师</option>
      <option value="学生" selected>学生</option>
    </select></td>
  </tr>
  <tr>
    <td>姓名: </td>
    <td><input type="text" name="name" id="name"></td>
  </tr>
  <tr>
    <td>性别: </td>
    <td><input name="sex" type="radio" id="sex" value="男" checked>男
      <input type="radio" name="sex" id="sex" value="女">女</td>
  </tr>
  <tr>
    <td>爱好: </td>
    <td><input type="checkbox" name="hobby" value="阅读">阅读
```

```
    <input type="checkbox" name="hobby" value="运动">运动
    <input name="hobby" type="checkbox" value="旅游" checked>旅游</td>
  </tr>
  <tr>
    <td>照片：</td>
    <td colspan="3"><input name="photo" type="file">
      <input type="button" name="upload" id="upload" value="上传"></td>
  </tr>
  <tr>
    <td>备注：</td>
    <td colspan="3"><textarea name="remarks" id="remarks" cols="50"
        rows="3"></textarea></td>
  </tr>
  <tr align="center">
    <td colspan="4"> </td>
  </tr>
  <tr align="center">
    <td colspan="4"><input name="submit" type="submit" value="提交">
    <input name="reset" type="reset" value="重置"></td>
  </tr>
</table>
</form>
<hr>
<div align="center">
<button id="btnSelected">选中的选项</button>
<button id="btnChecked">选中的元素</button>
<button id="btnDisabled">禁用的元素</button>
<button id="btnEnabled">可用的元素</button>
</div>
</body>
</html>
```

(a)

图 2-17　"表单域属性过滤器示例"页面

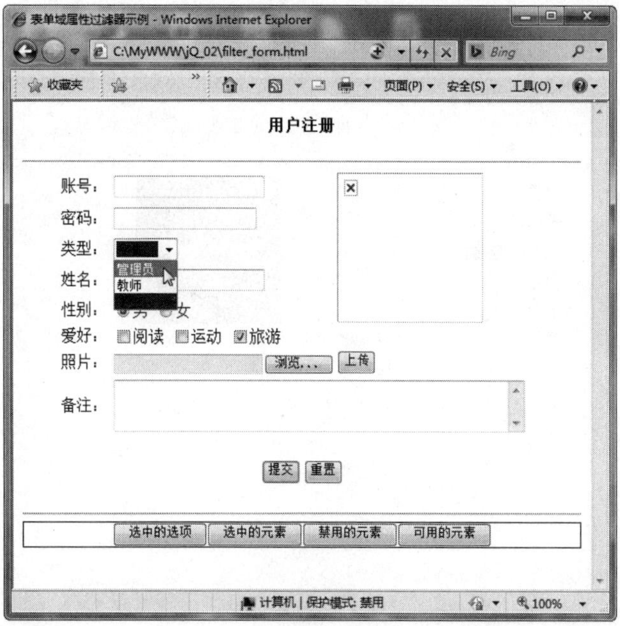

(b)

(c)

图 2-17　"表单域属性过滤器示例"页面(续)

(d)

(e)

图 2-17 "表单域属性过滤器示例"页面(续)

2.6 选择器应用实例

下面通过两个具体的实例，简要说明 jQuery 选择器的综合应用。

【实例 2-18】如图 2-18(a)所示，为"职工信息"页面 zgxx1.html。单击"隔行换色"

按钮，可将页面中的职工信息表格设置为带表头的双色表格，如图 2-18(b)所示。

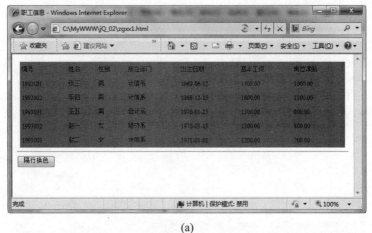

(a)

(b)

图 2-18　"职工信息"页面

主要步骤：

(1) 在站点的 **jQ_02** 目录中新建一个 HTML 页面 zgxx1.html。

(2) 编写页面 zgxx1.html 的代码。

```
<html>
<head>
<meta http-equiv="Content-Type" content="text/html; charset=utf-8" />
<title>职工信息</title>
<style type="text/css">
td{
    font-size:12px;
    padding:3px;
}
</style>
<script type="text/javascript" src="./jQuery/jquery.js"></script>
<script type="text/javascript">
```

```
$(document).ready(function(){
    $("#OK").click(function(){
        //设置奇数行的背景颜色
        $("tr:odd").css("background-color","#F9FCEF");
        //设置偶数行的背景颜色
        $("tr:even").css("background-color","#E8F3D1");
        //设置标题行的背景颜色，并让文字加粗显示、居中对齐
    $("tr:first").css("background-color","#B6DF48").css("font-
        weight","bold").css("text-align","center");
    });
});
</script>
</head>
<body>
    <table width="98%" border="0" align="center" cellpadding="0"
        cellspacing="1" bgcolor="#3F873B">
    <tr>
        <td height="28">编号</td>
        <td>姓名</td>
        <td>性别</td>
        <td>所在部门</td>
        <td>出生日期</td>
        <td>基本工资</td>
        <td>岗位津贴</td>
    </tr>
    <tr>
        <td height="27">1992001</td>
        <td>张三</td>
        <td>男</td>
        <td>计信系</td>
        <td>1969-06-12</td>
        <td>1500.00</td>
        <td>1000.00</td>
    </tr>
    <tr>
        <td height="27">1992002</td>
        <td>李四</td>
        <td>男</td>
        <td>计信系</td>
        <td>1968-12-15</td>
        <td>1600.00</td>
        <td>1100.00</td>
    </tr>
    <tr>
        <td height="27">1993001</td>
        <td>王五</td>
        <td>男</td>
        <td>会计系</td>
        <td>1970-01-25</td>
        <td>1300.00</td>
```

```
       <td>800.00</td>
    </tr>
    <tr>
       <td height="27">1993002</td>
       <td>赵一</td>
       <td>女</td>
       <td>经济系</td>
       <td>1970-03-15</td>
       <td>1300.00</td>
       <td>800.00</td>
    </tr>
    <tr>
       <td height="27">1993003</td>
       <td>赵二</td>
       <td>女</td>
       <td>计信系</td>
       <td>1971-01-01</td>
       <td>1200.00</td>
       <td>700.00</td>
    </tr>
  </table>
  <hr>
  <button id="OK">隔行换色</button>
</body>
</html>
```

代码解析：在本实例中，应用简单过滤器$("tr:odd")、$("tr:even")、$("tr:first")分别匹配表格的奇数行、偶数行与第一行，然后通过调用 css()方法设置相应的 CSS 样式属性来实现带表头的双色表格效果。

【实例 2-19】如图 2-19(a)所示，为"职工信息"页面 zgxx2.html。单击"设置单元格"按钮，可改变职工信息表格中非空单元格的背景颜色，同时将空单元格的背景颜色设置为红色，将包含有"计"字的单元格的文字颜色设置为蓝色，如图 2-19(b)所示。

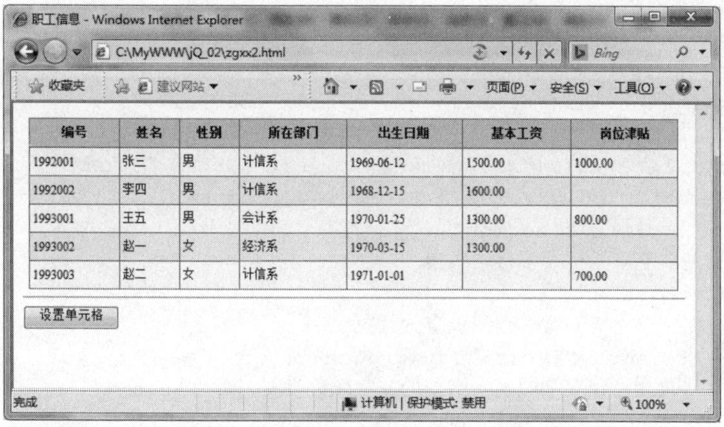

(a)

图 2-19　"职工信息"页面

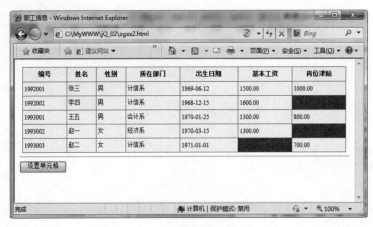

(b)

图 2-19   "职工信息"页面(续)

主要步骤：

(1) 在站点的 **jQ_02** 目录中新建一个 HTML 页面 zgxx2.html。

(2) 编写页面 zgxx2.html 的代码。

```html
<html>
<head>
<meta http-equiv="Content-Type" content="text/html; charset=utf-8" />
<title>职工信息</title>
<style type="text/css">
td{
    font-size:12px;
    padding:3px;
    }
</style>
<script type="text/javascript" src="./jQuery/jquery.js"></script>
<script type="text/javascript">
$(document).ready(function(){
    //设置奇数行的背景颜色
    $("tr:odd").css("background-color","#F9FCEF");
    //设置偶数行的背景颜色
    $("tr:even").css("background-color","#E8F3D1");
    //设置标题行的背景颜色，并让文字加粗显示、居中对齐
    $("tr:first").css("background-color","#B6DF48").css("font-
        weight","bold").css("text-align","center");
    $("#OK").click(function(){
        //为非空单元格设置背景颜色
        $("td:parent").css("background-color","#FFFF99");
        //将空单元格的背景颜色设置为红色
        $("td:empty").css("background-color","red");
        //将包含"计"字的单元格中的文字颜色设置为蓝色
        $("td:contains('计')").css("color","blue");
    });
});
</script>
```

```
</head>
<body>
    <table width="98%" border="0" align="center" cellpadding="0"
        cellspacing="1" bgcolor="#3F873B">
    <tr>
        <td height="28">编号</td>
        <td>姓名</td>
        <td>性别</td>
        <td>所在部门</td>
        <td>出生日期</td>
        <td>基本工资</td>
        <td>岗位津贴</td>
    </tr>
    <tr>
        <td height="27">1992001</td>
        <td>张三</td>
        <td>男</td>
        <td>计信系</td>
        <td>1969-06-12</td>
        <td>1500.00</td>
        <td>1000.00</td>
    </tr>
    <tr>
        <td height="27">1992002</td>
        <td>李四</td>
        <td>男</td>
        <td>计信系</td>
        <td>1968-12-15</td>
        <td>1600.00</td>
        <td></td>
    </tr>
    <tr>
        <td height="27">1993001</td>
        <td>王五</td>
        <td>男</td>
        <td>会计系</td>
        <td>1970-01-25</td>
        <td>1300.00</td>
        <td>800.00</td>
    </tr>
    <tr>
        <td height="27">1993002</td>
        <td>赵一</td>
        <td>女</td>
        <td>经济系</td>
        <td>1970-03-15</td>
        <td>1300.00</td>
        <td></td>
    </tr>
    <tr>
```

```
        <td height="27">1993003</td>
        <td>赵二</td>
        <td>女</td>
        <td>计信系</td>
        <td>1971-01-01</td>
        <td></td>
        <td>700.00</td>
    </tr>
  </table>
  <hr>
  <button id="OK">设置单元格</button>
</body>
</html>
```

代码解析：在本实例中，应用内容过滤器$("td:parent")、$("td:empty")、$("td:contains(' 计')")分别匹配表格中的空单元格、非空单元格与包含"计"字的单元格，然后通过调用 css()方法设置相应的 CSS 样式属性来实现所需要的效果。

本 章 小 结

本章简要地介绍了 jQuery 选择器的概况，并通过具体实例讲解了各种基本选择器、层次选择器、表单选择器与过滤选择器的使用方法。通过本章的学习，应熟知常用 jQuery 选择器的有关用法，并能在各种 Web 应用的开发中灵活地加以运用，以顺利实现所需要的效果或功能。

思 考 题

1. jQuery 选择器有何作用？请写出其基本格式。
2. jQuery 的基本选择器有哪些？
3. ID 选择器、标记选择器与类名选择器各有何特点？请写出其基本格式。
4. 交集选择器与并集选择器有何不同？请写出其基本格式。
5. 全局选择器的作用是什么？请写出其语法格式。
6. jQuery 的层次选择器有哪些？
7. 后代选择器与子女选择器有何不同？请写出其基本格式。
8. 近邻选择器与同胞选择器有何不同？请写出其基本格式。
9. jQuery 的表单选择器有哪些？
10. jQuery 的过滤选择器可分为哪几种？
11. 简单过滤器有何作用？主要有哪些？
12. 内容过滤器有何作用？主要有哪些？
13. 属性过滤器有何作用？主要有哪些？
14. 子元素过滤器有何作用？主要有哪些？
15. 可见性过滤器有何作用？主要有哪些？
16. 表单域属性过滤器有何作用？主要有哪些？

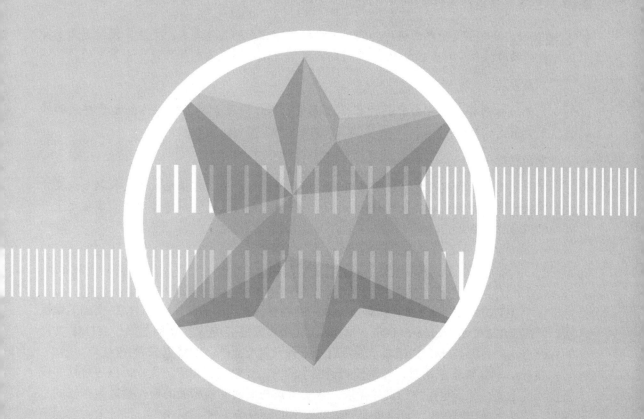

第 3 章

jQuery 元素操作

jQuery 具有强大的元素操作功能，可根据实际应用的具体需求，灵活实现对页面中有关元素的各种操作。对于各类 Web 应用的开发来说，页面元素的操作是十分常见的。

本章要点：

元素操作简介；元素内容的操作；元素值的操作；元素属性的操作；元素样式的操作；元素节点的操作。

学习目标：

了解元素操作的概况；掌握元素内容的获取与设置方法；掌握元素值的获取与设置方法；掌握元素属性的获取、设置与删除方法；掌握元素样式的常用操作方法；掌握元素节点的常用操作方法。

3.1　元素操作简介

一个 HTML 文档或页面其实是由一系列的各种元素构成的。作为 HTML 文档的编程接口，HTML DOM(Document Object Model，文档对象模型)定义了访问与操作 HTML 文档的标准方法，并将 HTML 文档表示为带有一系列元素节点(即 DOM 对象)的树结构。

在开发各类 Web 应用时，经常要对页面中的有关元素进行相应的操作，以更好地实现所需要的功能，并满足用户的具体需求。事实上，与页面元素相关的操作是较为丰富的。通常，依据所操作的对象，可将页面元素的操作细分为 5 种不同的类型，即元素内容的操作、元素值的操作、元素属性的操作、元素样式的操作与元素节点的操作。

jQuery 对于页面元素操作的支持是十分全面、高效的。借助于 jQuery，可极大地简化页面元素的各种操作，从而有效地提高应用的开发效率。

3.2　元素内容的操作

所谓元素的内容，是指元素起始标记与结束标记之间的内容。元素的内容可分为两种类型，即文本内容与 HTML 内容。其中，文本内容不包括元素的子标记，而 HTML 内容则包括元素的子标记。例如：

```
<div>
<span>Hello,Word!</span>
</div>
```

在此，<div>元素的文本内容为"Hello,Word!"，是不包括子标记<span>的；与此不同，<div>元素的 HTML 内容为"<span>Hello,Word!</span>"，是包括子标记<span>的。

3.2.1　元素内容的获取

为获取元素的内容，可使用以下两种方法。

● text()：获取全部匹配元素的文本内容。
● html()：获取第一个匹配元素的 HTML 内容。

【**实例 3-1**】如图 3-1(a)所示，为"元素内容获取示例"页面 content_Get.html，内含两个\<div\>元素。单击"获取文本内容"按钮时，将打开如图 3-1(b)所示的对话框以显示两个\<div\>元素的文本内容；而单击"获取 HTML 内容"按钮时，则打开如图 3-1(c)所示的对话框以显示第一个\<div\>元素的 HTML 内容。

(a)

(b)　　　　　　　　　　　　　　　(c)

图 3-1　"元素内容获取示例"页面与操作结果对话框

主要步骤：

(1) 在站点 MyWWW 中创建一个新的目录 jQ_03。

(2) 在站点的 jQ_03 目录中创建一个子目录 jQuery，然后将 jQuery 库文件置于其中，并重命名为 jquery.js。

(3) 在站点的 jQ_03 目录中新建一个 HTML 页面 content_Get.html。

(4) 编写页面 content_Get.html 的代码。

```html
<html>
<head>
<meta http-equiv="Content-Type" content="text/html; charset=utf-8">
<title>元素内容获取示例</title>
<style type="text/css">
div{
    border:1px solid blue;
```

```
}
</style>
<script type="text/javascript" src="./jQuery/jquery.js"></script>
<script type="text/javascript">
$(document).ready(function(){
  $("#btnTextGet").click(function(){
    alert($("div").text());
  });
  $("#btnHTMLGet").click(function(){
    alert($("div").html());
  });
});
</script>
</head>
<body>
div1:<br>
<div>
<H1>Hello,World!</H1>
OK!
<H1>您好，世界！</H1>
</div>
div2:<br>
<div>
<H2>Hello,World!</H2>
OK!
<H2>您好，世界！</H2>
</div>
<hr>
<button id="btnTextGet">获取文本内容</button>
<button id="btnHTMLGet">获取 HTML 内容</button>
</body>
</html>
```

代码解析：在本实例中，$("div").text()用于获取页面内所有<div>元素的文本内容(不包括子元素的标记)，而$("div").html()则用于获取页面内第一个<div>元素的 HTML 内容(包括子元素的标记)。

3.2.2　元素内容的设置

为设置元素的内容，可使用以下两种方法。
- text(value)：将全部匹配元素的文本内容设置为指定的内容 value。
- html(value)：将全部匹配元素的 HTML 内容设置为指定的内容 value。

💡 **注意：** 应用 text()设置文本内容时，即使内容中包含 HTML 代码，也将被认为是普通文本，并不能作为 HTML 代码被浏览器解析，而应用 html()设置的 HTML 内容中包含的 HTML 代码是可以被浏览器解析的。

【实例 3-2】如图 3-2(a)所示，为"元素内容设置示例"页面 content_Set.html，内含两个<div>元素。单击"设置文本内容"按钮时，可重新设置两个<div>元素的文本内容，并通过对话框以显示设置后的两个<div>元素的文本内容，如图 3-2(b)、图 3-2(c)所示；单击"设置 HTML 内容"按钮时，可重新设置两个<div>元素的 HTML 内容，并通过对话框以显示设置后的第一个<div>元素的 HTML 内容，如图 3-2(d)、图 3-2(e)所示。

(a)

(b)　　　　　　　　　　　　　　　　(c)

(d)　　　　　　　　　　　　　　　　(e)

图 3-2　"元素内容设置示例"页面与操作结果对话框

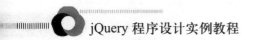

主要步骤：

(1) 在站点的 jQ_03 目录中新建一个 HTML 页面 content_Set.html。

(2) 编写页面 content_Set.html 的代码。

```
<html>
<head>
<meta http-equiv="Content-Type" content="text/html; charset=utf-8">
<title>元素内容设置示例</title>
<style type="text/css">
div{
    border:1px solid blue;
}
</style>
<script type="text/javascript" src="./jQuery/jquery.js"></script>
<script type="text/javascript">
$(document).ready(function(){
  $("#btnTextSet").click(function(){
    $("div").text("Hi!<br><span style='color:red'>您好，世界！</span>");
    alert($("div").text());
  });
  $("#btnHTMLSet").click(function(){
    $("div").html("Hi!<br><span style='color:red'>您好，世界！</span>");
    alert($("div").html());
  });
});
</script>
</head>
<body>
div1:<br>
<div>
<H1>Hello,World!</H1>
OK!
<H1>您好，世界！</H1>
</div>
div2:<br>
<div>
<H2>Hello,World!</H2>
OK!
<H2>您好，世界！</H2>
</div>
<hr>
<button id="btnTextSet">设置文本内容</button>
<button id="btnHTMLSet">设置 HTML 内容</button>
</body>
</html>
```

代码解析：

(1) "$("div").text("Hi!
<span style='color:red'>您好，世界！</span>");" 语句用于将页面内所有<div>元素的文本内容设置为 "Hi!
<span style='color:red'>您好，世界！

</span>"。在结果页面中，该内容按原样(即源码方式)显示。

(2) "$("div").html("Hi!
<span style='color:red'>您好，世界！</span>");"语句用于将页面内所有<div>元素的 HTML 内容设置为"Hi!
<span style='color:red'>您好，世界！</span>"。在结果页面中，该内容按实际效果显示。

3.3　元素值的操作

在实际应用中，通常要获取或设置有关元素的值。所谓元素的值，在此指的是元素的当前值，而不是其 value 属性所设置的初始值。当然，元素的当前值也可能与其 value 属性值相同。

3.3.1　元素值的获取

为获取元素的值，可使用 val()方法。该方法的功能为获取第一个匹配元素的当前值，其返回值可能是一个字符串，也可能是一个字符串数组。例如，$("#sport").val()可获取 id 为 sport 的元素的值。若该 sport 元素为一个允许多选的<select>元素，且当前同时选中了多个选项，则获取到的值就是一个字符串数组。

【实例 3-3】如图 3-3(a)所示，为"元素值获取示例"页面 value_Get.html。单击"获取姓名"按钮时，将打开如图 3-3(b)所示的对话框以显示当前所输入的姓名；单击"获取性别"按钮时，将打开如图 3-3(c)所示的对话框以显示当前所选定的性别；单击"获取颜色"按钮时，将打开如图 3-3(d)所示的对话框以显示当前所选择的颜色。

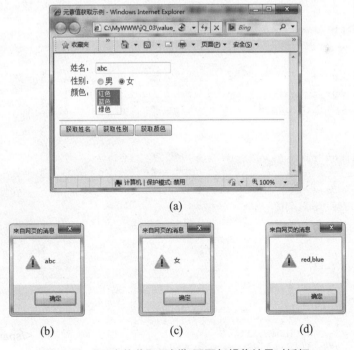

图 3-3　"元素值获取示例"页面与操作结果对话框

主要步骤：

(1) 在站点的 jQ_03 目录中新建一个 HTML 页面 value_Get.html。

(2) 编写页面 value_Get.html 的代码。

```html
<html>
<head>
<meta http-equiv="Content-Type" content="text/html; charset=utf-8">
<title>元素值获取示例</title>
<script type="text/javascript" src="./jQuery/jquery.js"></script>
<script type="text/javascript">
$(document).ready(function(){
  $("#btnGetName").click(function(){
    alert($("#name").val());
  });
  $("#btnGetSex").click(function(){
    alert($(":radio:checked").val());
  });
  $("#btnGetColor").click(function(){
    alert($("#color").val());
  });
});
</script>
</head>
<body>
<div>
<table width="300" border="0">
  <tr>
    <td align="right">姓名: </td>
    <td><input type="text" name="name" id="name"></td>
  </tr>
  <tr>
    <td align="right">性别: </td>
    <td><input name="sex" type="radio" value="男">男
<input name="sex" type="radio" value="女" checked>女</td>
  </tr>
  <tr>
    <td align="right" valign="top">颜色: </td>
    <td><select name="color" size="3" multiple="multiple" id="color">
  <option value="red" selected>红色</option>
  <option value="blue">蓝色</option>
  <option value="green" selected="selected">绿色</option>
</select>
</td>
  </tr>
</table>
</div>
<hr>
<button id="btnGetName">获取姓名</button>
<button id="btnGetSex">获取性别</button>
<button id="btnGetColor">获取颜色</button>
```

```
</body>
</html>
```

代码解析：若将"alert($(":radio:checked").val());"语句修改为"alert($(":radio").val());"，则只能获取第一个单选按钮的值(不管其是否被选中)。在本实例中，"男"单选按钮是第一个单选按钮，因此"alert($(":radio").val());"语句所显示的对话框的内容是"男"。

3.3.2　元素值的设置

为设置元素的值，可根据需要使用以下方法。

- val(value)：将所有匹配元素的值设置为 value(value 为字符串)。例如，$("input:text").val("请输入...")可将所有文本框的值设置为"请输入..."。
- val(arrValue)：将所有匹配的 select 元素的值设置为 arrValue(arrValue 为字符串数组)。例如，$("select[name='web']").val(["ASP.NET", "JSP", "PHP"])可将 name 属性值为 web 的列表框的值设置为 ASP.NET、JSP 与 PHP。

【实例 3-4】如图 3-4(a)所示，为"元素值设置示例"页面 value_Set.html。单击"设置姓名"按钮，可将"姓名"文本框的值设置为"小明"，并打开如图 3-4(b)所示的对话框以显示当前所设置的姓名；单击"设置性别"按钮，可将"男""女"单选按钮的值设置为 male、female，并打开如图 3-4(c)所示的对话框以显示当前所选定的性别；单击"设置颜色"按钮，可将"颜色"列表框的值设置为 blue 与 green，并打开如图 3-4(d)所示的对话框以显示当前所选择的颜色。

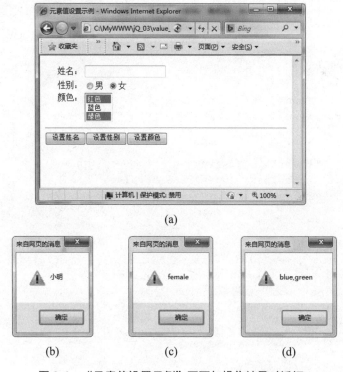

(a)

(b)　　　　　(c)　　　　　(d)

图 3-4　"元素值设置示例"页面与操作结果对话框

主要步骤：

(1) 在站点的 jQ_03 目录中新建一个 HTML 页面 value_Set.html。

(2) 编写页面 value_Set.html 的代码。

```html
<html>
<head>
<meta http-equiv="Content-Type" content="text/html; charset=utf-8">
<title>元素值设置示例</title>
<script type="text/javascript" src="./jQuery/jquery.js"></script>
<script type="text/javascript">
$(document).ready(function(){
  $("#btnSetName").click(function(){
    $("#name").val("小明");
    alert($("#name").val());
  });
  $("#btnSetSex").click(function(){
    $(":radio").eq(0).val("male");
    $(":radio").eq(1).val("female");
    alert($(":radio:checked").val());
  });
  $("#btnSetColor").click(function(){
    $("select").val(["blue","green"]);
    alert($("#color").val());
  });
});
</script>
</head>
<body>
<div>
<table width="300" border="0">
  <tr>
    <td align="right">姓名：</td>
    <td><input type="text" name="name" id="name"></td>
  </tr>
  <tr>
    <td align="right">性别：</td>
    <td><input name="sex" type="radio" value="男">男
<input name="sex" type="radio" value="女" checked>女</td>
  </tr>
  <tr>
    <td align="right" valign="top">颜色：</td>
    <td><select name="color" size="3" multiple="multiple" id="color">
  <option value="red" selected>红色</option>
  <option value="blue">蓝色</option>
  <option value="green" selected="selected">绿色</option>
</select>
</td>
  </tr>
</table>
</div>
```

```
<hr>
<button id="btnSetName">设置姓名</button>
<button id="btnSetSex">设置性别</button>
<button id="btnSetColor">设置颜色</button>
</body>
</html>
```

代码解析:

(1) 在本实例中, 姓名的初始值为空, 性别的初始值为"女", 颜色的初始值为 red 与 green。

(2) "$("#name").val("小明");"语句用于将"姓名"文本框的值动态地设置为"小明"。

(3) "$(":radio").eq(0).val("male");"与"$(":radio").eq(1).val("female");"语句分别将"男""女"单选按钮的值设置为 male 与 female(其原来的值分别为"男"与"女")。

(4) "$("select").val(["blue","green"]);"语句用于将"颜色"列表框的值设置为 blue 与 green, 即自动选中"蓝色"与"红色"两个选项。

3.4 元素属性的操作

每个元素均可具有相应的属性。在 jQuery 中, 可根据需要实施对元素属性的操作, 包括元素属性的获取、设置与删除。

3.4.1 元素属性的获取

元素属性的获取其实就是获取元素的属性值。为此, 可使用 attr(property)方法, 其功能为获取所匹配的第一个元素的指定属性 property 的值(无值时返回 undefined)。例如, $("img").attr('src')可获取页面中第一个<img>元素的 src 属性值。

【实例 3-5】如图 3-5(a)所示, 为"元素属性获取示例"页面 attribute_Get.html。单击"获取图像文件"按钮时, 将打开如图 3-5(b)所示的对话框以显示图像元素所显示的图像的地址; 单击"获取替换文本"按钮时, 将打开如图 3-5(c)所示的对话框以显示图像元素的替换文本; 单击"获取图像大小"按钮时, 将打开如图 3-5(d)所示的对话框以显示图像元素的大小(即宽度与高度)。

主要步骤:

(1) 在站点的 jQ_03 目录中创建一个子目录 images, 然后将图像文件 ok.jpg 置于其中。

(2) 在站点的 jQ_03 目录中新建一个 HTML 页面 attribute_Get.html。

(3) 编写页面 attribute_Get.html 的代码。

```
<html>
<head>
<meta http-equiv="Content-Type" content="text/html; charset=utf-8">
<title>元素属性获取示例</title>
<script type="text/javascript" src="./jQuery/jquery.js"></script>
<script type="text/javascript">
```

```
$(document).ready(function(){
  $("#btnGetSRC").click(function(){
    alert($("#myImg").attr("src"));
  });
  $("#btnGetAlt").click(function(){
    alert($("#myImg").attr("alt"));
  });
  $("#btnGetSize").click(function(){
    alert($("#myImg").attr("width")+"×"+$("#myImg").attr("height"));
  });
});
</script>
</head>
<body>
<div>
<img src="images/ok.jpg" alt="图像" name="myImg" width="150" height="150"
id="myImg">
</div>
<hr>
<button id="btnGetSRC">获取图像文件</button>
<button id="btnGetAlt">获取替换文本</button>
<button id="btnGetSize">获取图像大小</button>
</body>
</html>
```

代码解析：图像元素所显示的图像的地址可通过其 src 属性获知，替换文本可通过其 alt 属性获知，而大小(即宽度与高度)可通过其 width 与 height 属性获知。

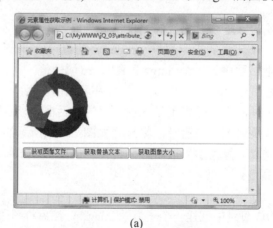

(a)

(b)   (c)   (d)

图 3-5   "元素属性获取示例"页面与操作结果对话框

3.4.2　元素属性的设置

元素属性的设置其实就是设置元素的属性值。为此，可根据需要使用以下方法。

- attr(property,value)：将所有匹配元素的 property 属性值设置为 value。例如，$("img").attr("title","图片")可将<img>元素的 title(标题)属性值设置为"图片"。
- attr(property,fn)：将所有匹配元素的 property 属性值设置为 fn 函数的返回值。例如，$("#abc").attr("value", function() {return this.name;})可将 id 为 abc 的元素的 value 属性值设置为该元素的名称(name)。
- attr({property1:value1, property2:value2, ...})：以集合的形式为所有匹配元素的多个属性设置相应的值。在属性集合 {property1:value1, property2:value2, ...} 中，property1、property2 等为属性名，value1、value2 等为属性值。其中，属性名可用双引号或单引号括起来，也可以不用。例如，$("img").attr({"title":"图片", "width":"200", "height":"200"})可同时将<img>元素的 title、width 与 height 属性值设置为"图片"、200 与 200。

【实例 3-6】如图 3-6(a)所示，为"元素属性设置示例"页面 attribute_Set.html。单击"更换图像"按钮时，可更换图像元素所显示的图像，如图 3-6(b)所示；单击"改变大小"按钮时，可改变图像元素所显示的图像的大小，如图 3-6(c)所示。

(a)

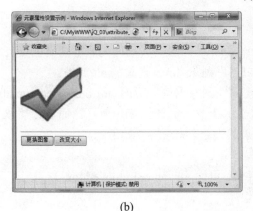

(b)

(c)

图 3-6　"元素属性设置示例"页面

主要步骤：

(1) 将图像文件 right.jpg 置于站点的 jQ_03 目录的子目录 images 中。

(2) 在站点的 jQ_03 目录中新建一个 HTML 页面 attribute_Set.html。

(3) 编写页面 attribute_Set.html 的代码。

```
<html>
<head>
<meta http-equiv="Content-Type" content="text/html; charset=utf-8">
<title>元素属性设置示例</title>
<script type="text/javascript" src="./jQuery/jquery.js"></script>
<script type="text/javascript">
$(document).ready(function(){
  $("#btnSetSRC").click(function(){
    $("#myImg").attr("src","images/right.jpg");
  });
  $("#btnSetSize").click(function(){
    $("#myImg").attr({"width":"200","height":"200"});
  });
});
</script>
</head>
<body>
<div>
<img src="images/ok.jpg" alt="图像" name="myImg" width="150" height="150"
    id="myImg">
</div>
<hr>
<button id="btnSetSRC">更换图像</button>
<button id="btnSetSize">改变大小</button>
</body>
</html>
```

代码解析：为更换图像，只需修改图像元素的 src 属性即可。为改变大小，只需修改图像元素的 width 与 height 属性即可。

3.4.3 元素属性的删除

为删除元素的属性，可使用 removeAttr(property)方法，其功能为删除所有匹配元素的属性 property。例如，$("img"). removeAttr("alt")可删除<img>元素的 alt 属性。

【实例 3-7】如图 3-7(a)所示，为"元素属性删除示例"页面 attribute_Remove.html。单击"查看原图"按钮时，可按实际的尺寸显示图像，如图 3-7(b)所示；而单击"恢复原状"按钮时，则又可将显示的图像恢复为原来的大小，如图 3-7(c)所示。

主要步骤：

(1) 在站点的 jQ_03 目录中新建一个 HTML 页面 attribute_Remove.html。

(a)

(b)

(c)

图 3-7　"元素属性删除示例"页面

(2) 编写页面 attribute_Remove.html 的代码。

```html
<html>
<head>
<meta http-equiv="Content-Type" content="text/html; charset=utf-8">
<title>元素属性删除示例</title>
<script type="text/javascript" src="./jQuery/jquery.js"></script>
<script type="text/javascript">
$(document).ready(function(){
  var width=$("#myImg").attr("width");
  var height=$("#myImg").attr("height");
  $("#btnOriginalSize").click(function(){
    $("#myImg").removeAttr("width").removeAttr("height");
  });
  $("#btnSpecifiedSize").click(function(){
    $("#myImg").attr({"width":width,"height":height});
```

```
  });
});
</script>
</head>
<body>
<div>
<img src="images/ok.jpg" alt="图像" name="myImg" width="150" height="150"
id="myImg">
</div>
<hr>
<button id="btnOriginalSize">查看原图</button>
<button id="btnSpecifiedSize">恢复原状</button>
</body>
</html>
```

代码解析：

（1）"var width=$("#myImg").attr("width");"与"var height=$("#myImg").attr("height");"语句用于获取并暂存图像的大小，即图像元素 width 与 height 属性的值。

（2）为按原始的尺寸显示图像，只需删除图像元素的 width 与 height 属性即可。为将显示的图像恢复为原来的大小，只需将图像元素的 width 与 height 属性值修改为原来的值即可。

3.5 元素样式的操作

页面元素的显示效果可通过其 CSS 样式来控制。利用元素的 style 属性，可以设置一系列具体的 CSS 样式属性。而利用元素的 class 属性，则可设置相应的 CSS 样式类。与此相对应，jQuery 提供了两种方式以实现对元素 CSS 样式的操作，即修改 CSS 样式属性与修改 CSS 样式类。

3.5.1 元素样式属性的操作

为实现对元素 CSS 样式属性的有关操作，可根据需要使用以下方法。

- css(name)：获取所匹配的第一个元素的指定 CSS 样式属性 name 的值。例如，$("div").css("color")可获取页面中第一个<div>元素的 CSS 样式属性 color 的值。

- css(name,value)：将所有匹配元素的 CSS 样式属性 name 的值设置为指定值 value。例如，$("div").css("background-color","red")可将页面中所有的<div>元素的 CSS 样式属性 background-color 的值设置为 red(即将背景颜色设置为红色)。

- css({name1:value1, name2:value2, ...})：以集合的形式为所有匹配元素的多个 CSS 样式属性设置相应的值。在集合 {name1:value1, name2:value2, ...} 中，name1、name2 等为 CSS 样式属性名，value1、value2 等为 CSS 样式属性值。其中，属性名要用双引号或单引号括起来。例如，$("div").css({"font-size":"16px","color":"yellow"})可同时将<div>元素的 CSS 样式属性 font-size、color 的值设置为 16px、yellow(即将文字的大小与颜色设置为 16 像素与黄色)。

提示： 使用 css()方法时，对于 CSS 样式属性名，既可以采用连字符形式的 CSS 表示法(如 background-color)，也可以采用大小写形式的 DOM 表示法(如 backgroundColor)。

【实例 3-8】如图 3-8(a)所示，为"CSS 属性操作示例"页面 CSS_Attribute.html，内含一个显示"Hello,World!"的<div>元素。单击"当前背景颜色"按钮时，可通过对话框显示该<div>元素当前的背景颜色，如图 3-8(b)所示；单击"设置背景颜色"按钮时，可将该<div>元素的背景颜色设置为灰色，如图 3-8(c)所示；单击"设置文字大小与颜色"按钮时，可将该<div>元素内文字的大小与颜色设置为 26px 与红色，如图 3-8(d)所示。

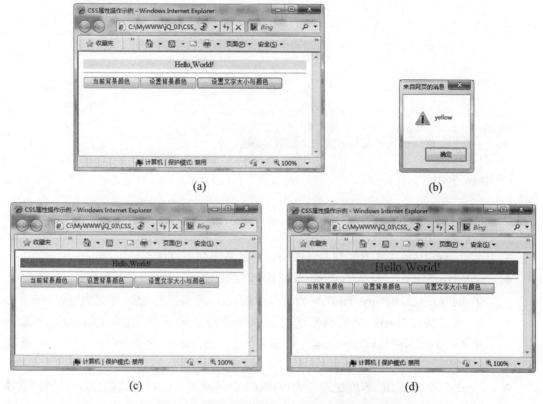

(a)　　　　　　　　(b)

(c)　　　　　　　　(d)

图 3-8　"CSS 属性操作示例"页面与操作结果对话框

主要步骤：

(1) 在站点的 jQ_03 目录中新建一个 HTML 页面 CSS_Attribute.html。

(2) 编写页面 CSS_Attribute.html 的代码。

```
<html>
<head>
<meta http-equiv="Content-Type" content="text/html; charset=utf-8">
<title>CSS 属性操作示例</title>
<script type="text/javascript" src="./jQuery/jquery.js"></script>
<script type="text/javascript">
$(document).ready(function(){
  $("#btnGetBGC").click(function(){
```

```
    alert($("#myDiv").css("background-color"));
    //alert($("#myDiv").css("backgroundColor"));
  });
  $("#btnSetBGC").click(function(){
    $("#myDiv").css("background-color","grey");
  });
  $("#btnSetText").click(function(){
    $("#myDiv").css({'font-size':"26px","color":"red"});
  });
});
</script>
</head>
<body>
<div id="myDiv" style="background-color:yellow; text-align:center">
Hello,World!
</div>
<hr>
<button id="btnGetBGC">当前背景颜色</button>
<button id="btnSetBGC">设置背景颜色</button>
<button id="btnSetText">设置文字大小与颜色</button>
</body>
</html>
```

3.5.2 元素样式类的操作

为实现对元素 CSS 样式类的有关操作，可根据需要使用以下方法。

- addClass(class)：为所有匹配的元素添加指定的 CSS 样式类 class。例如，$("div").addClass("myClass")可为页面中的<div>元素添加 CSS 样式类 myClass。
- removeClass(class)：从所有匹配的元素删除指定的 CSS 样式类 class。例如，$("div").removeClass("myClass") 可从页面中的 <div>元素删除 CSS 样式类 myClass。
- toggleClass(class)：若匹配的元素存在 CSS 样式类 class，则删除之；否则，就添加之。例如，$("div").toggleClass("myClass")可为不存在 CSS 样式类 myClass 的<div>元素添加该类，同时从存在 CSS 样式类 myClass 的<div>元素中删除该类。
- toggleClass(class,switch)：若参数 switch 的值为 true，则为匹配的元素添加 CSS 样式类 class；反之，若参数 switch 的值为 false，则从匹配的元素中删除 CSS 样式类 class。例如，$("div").toggleClass("myClass",true)可为<div>元素添加 CSS 样式类 myClass，而$("div").toggleClass("myClass",false)则可从<div>元素中删除 CSS 样式类 myClass。

提示： 在使用上述方法时，参数 class 可设置为一个以空格隔开的 CSS 样式类名列表。例如，$("div").addClass("myClass1 myClass2 myClass3")可为页面中的<div>元素添加 3 个 CSS 样式类，分别为 myClass1、myClass2 与 myClass3。

💡 **注意：** 使用 addClass()方法添加 CSS 样式类时，并不会删除匹配元素已有的 CSS 样式类。

📑 **说明：** toggleClass(class,true)相当于 addClass(class)，而 toggleClass(class,false)则相当于 removeClass(class)。

【**实例 3-9**】如图 3-9(a)所示，为"CSS 类操作示例"页面 CSS_Class.html，内含一个显示"Hello,World!"的<div>元素。单击"添加框线"按钮时，可为该<div>元素添加 2px 的红色虚线边框，如图 3-9(b)所示；单击"删除框线"按钮时，可从该<div>元素中删除 2px 的红色虚线边框，如图 3-9(c)所示；单击"设置文字大小与颜色"按钮时，可切换该<div>元素内文字的大小与颜色(在 26px、红色与原来的大小、颜色之间进行切换)，如图 3-8(d)所示。

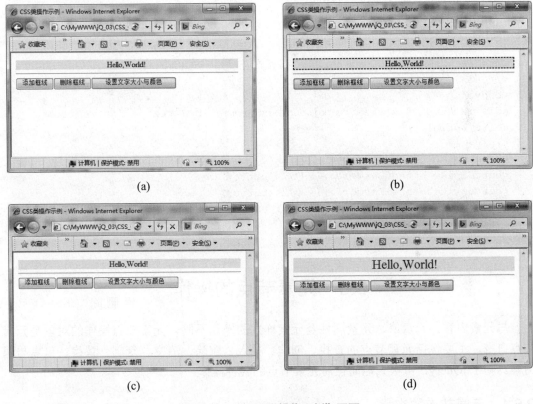

图 3-9 "CSS 类操作示例"页面

主要步骤：

(1) 在站点的 jQ_03 目录中新建一个 HTML 页面 CSS_Class.html。

(2) 编写页面 CSS_Class.html 的代码。

```html
<html>
<head>
<meta http-equiv="Content-Type" content="text/html; charset=utf-8">
<title>CSS 类操作示例</title>
<style type="text/css">
```

```
.border{border:dashed 2px red}
.text{font-size:26px; color:red}
</style>
<script type="text/javascript" src="./jQuery/jquery.js"></script>
<script type="text/javascript">
$(document).ready(function(){
  $("#btnAddBorder").click(function(){
    //$("#myDiv").addClass("border");
    $("#myDiv").toggleClass("border",true);
  });
  $("#btnDelBorder").click(function(){
    //$("#myDiv").removeClass("border");
    $("#myDiv").toggleClass("border",false);
  });
  $("#btnSetText").click(function(){
    $("#myDiv").toggleClass("text");
  });
});
</script>
</head>
<body>
<div id="myDiv" style="background-color:yellow; text-align:center">
Hello,World!
</div>
<hr>
<button id="btnAddBorder">添加框线</button>
<button id="btnDelBorder">删除框线</button>
<button id="btnSetText">设置文字大小与颜色</button>
</body>
</html>
```

3.6　元素节点的操作

与元素内容、元素值、元素属性及元素样式的操作不同，元素节点操作的对象是元素节点自身，主要包括元素节点的查找、创建、插入、删除、清空、复制、替换、包裹与遍历等。基于 jQuery，可极大地简化对元素节点的各种操作。

3.6.1　元素节点的查找

对于 jQuery 来说，元素节点的查找较为简单，只需使用相应的选择器即可。为便于获取页面中所需要的元素节点，jQuery 提供了为数众多、灵活多样的各类选择器，可根据需要加以选用。

3.6.2　元素节点的创建

在 jQuery 中，为实现元素节点的创建，可使用$(htmlcode)方法。该方法的具体功能为根据指定的 HTML 代码 htmlcode 创建一个元素节点并返回相应的 jQuery 对象。例如：

```
var $p1 = $("<p>Hello,World!</p>");    //创建一个<p>元素节点，并将其赋给变量$p1
var $p2 = $("<p>您好，世界！</p>");       //创建一个<p>元素节点，并将其赋给变量$p2
```

3.6.3　元素节点的插入

创建好元素节点后，即可将其插入 HTML 文档中。在 jQuery 中，节点既可以在元素内部插入，也可以在元素外部插入。

1. 在元素内部插入节点

在元素内部插入节点其实就是在元素中插入子元素或内容。为此，可根据需要使用 append()、prepend()、appendTo()与 prependTo()方法。

（1）append(content)方法。该方法用于在元素内部添加指定的内容 content。例如，为在<div>元素内部添加一个内容为 ABC 的<p>元素，可使用以下代码：

```
$("div").append("<p>ABC</p>");。
```

（2）prepend(content)方法。该方法用于在元素内部前置指定的内容 content。例如，为在<div>元素内部前置一个内容为 ABC 的<p>元素，可使用以下代码：

```
$("div").prepend("<p>ABC</p>");
```

（3）appendTo(selector)方法。该方法用于将元素添加到由选择符为 selector 的选择器所匹配的元素中。例如，为将一个内容为 ABC 的<p>元素添加到<div>元素的内部，可使用以下代码：

```
$("<p>ABC</p>").appendTo("div");
```

> **注意：** appendTo()方法实际上是颠倒了 append()方法的使用方式。二者的区别主要在于 appendTo()方法可以移动页面上的元素，而 append()方法是不可以的。例如：
>
> ```
> $("#test").appendTo("div");
> ```
>
> 在此，id 为 test 的元素将被移动到<div>元素内部的最后面。

（4）prependTo(selector)方法。该方法用于将元素前置到由选择符为 selector 的选择器所匹配的元素中。例如，为将一个内容为 ABC 的<p>元素前置到<div>元素的内部，可使用以下代码：

```
$("<p>ABC</p>").prependTo("div");
```

> **注意：** prependTo()方法实际上是颠倒了 prepend()方法的使用方式。二者的区别主要在于 prependTo()方法可以移动页面上的元素，而 prepend()方法是不可以的。例如：

```
$("#test").prependTo("div");
```

在此，id 为 test 的元素将被移动到<div>元素内部的最前面。

【实例 3-10】如图 3-10(a) 所示，为"节点插入(内部)示例"页面 node_InsertInside.html，内含一个显示"Hi！"的<div>元素。单击"插入节点"按钮时，可在该<div>元素内部的最前面插入一个内容为"您好，世界！"的<p>节点，同时在最后面添加一个内容为"Hello,World!"的<p>节点，如图 3-10(b)所示。

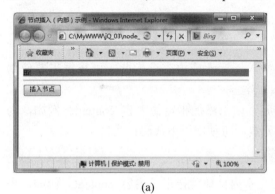 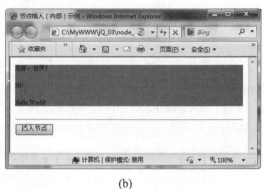

(a)   (b)

图 3-10 "节点插入(内部)示例"页面

主要步骤：

(1) 在站点的 jQ_03 目录中新建一个 HTML 页面 node_InsertInside.html。

(2) 编写页面 node_InsertInside.html 的代码。

```
<html>
<head>
<meta http-equiv="Content-Type" content="text/html; charset=utf-8" />
<title>节点插入(内部)示例</title>
<style>
body{font-size:12px}
</style>
<script type="text/javascript" src="./jQuery/jquery.js"></script>
<script type="text/javascript">
$(document).ready(function(){
  $("#btnInsert").click(function(){
    //创建第 1 个 p 元素节点
    var $p1=$("<p>Hello,World!</p>");
    //创建第 2 个 p 元素节点
    var $p2=$("<p>您好，世界！</p>");
    //获取 div 元素对象
    $div=$("div");
    $div.append($p1);
    $div.prepend($p2);
  });
});
</script>
</head>
```

```
<body>
<div style="background-color:grey">Hi!</div>
<hr>
<button id="btnInsert">插入节点</button>
</body>
</html>
```

代码解析:

(1) "$div.append($p1);" 语句用于将变量$p1 所存放的<p>节点添加到由变量$div 所存放的<div>元素中,也可修改为 "$p1.appendTo($div);"。

(2) "$div.prepend($p2);" 语句用于将变量$p2 所存放的<p>节点前置到由变量$div 所存放的<div>元素中,也可修改为 "$p2.prependTo($div);"。

2. 在元素外部插入节点

在元素外部插入节点其实就是在元素之前或之后插入元素或内容。为此,可根据需要使用 after()、before()、insertAfter()与 insertBefore()方法。

(1) after(content)方法。该方法用于在元素之后插入指定的内容 content。例如,为在<div>元素的后面插入一个内容为 ABC 的<p>元素,可使用以下代码:

```
$("div").after("<p>ABC</p>");
```

(2) before(content)方法。该方法用于在元素之前插入指定的内容 content。例如,为在<div>元素的前面插入一个内容为 ABC 的<p>元素,可使用以下代码:

```
$("div").before("<p>ABC</p>");
```

(3) insertAfter(selector)方法。该方法用于将元素插入由选择符为 selector 的选择器所匹配的元素的后面。例如,为将一个内容为 ABC 的<p>元素插入<div>元素的后面,可使用以下代码:

```
$("<p>ABC</p>").insertAfter("div");
```

💡 **注意:** insertAfter()方法实际上是颠倒了 after()方法的使用方式。二者的区别主要在于,insertAfter()方法可以移动页面上的元素,而 after()方法不可以。例如:

```
$("#test").insertAfter("div");
```

在此,id 为 test 的元素将被移动到 div 元素的后面。

(4) insertBefore(selector)方法。该方法用于将元素插入由选择符为 selector 的选择器所匹配的元素的前面。例如,为将一个内容为 ABC 的<p>元素插入<div>元素的前面,可使用以下代码:

```
$("<p>ABC</p>").insertBefore("div");
```

💡 **注意:** insertBefore()方法实际上是颠倒了 before()方法的使用方式。二者的区别主要在于,insertBefore()方法可以移动页面上的元素,而 before()方法不可以。例如:

```
$("#test").insertBefore("div");
```

在此，id 为 test 的元素将被移动到<div>元素的前面。

【实例 3-11】如图 3-11(a) 所示，为"节点插入（外部）示例"页面 node_InsertOutside.html，内含一个显示"Hi!"的<div>元素。单击"插入节点"按钮时，可在该<div>元素的最前面插入两个内容分别为"Yes!"与"您好，世界！"的<p>节点，同时在后面添加两个内容分别为"OK!"与"Hello,World!"的<p>节点，如图 3-11(b) 所示。

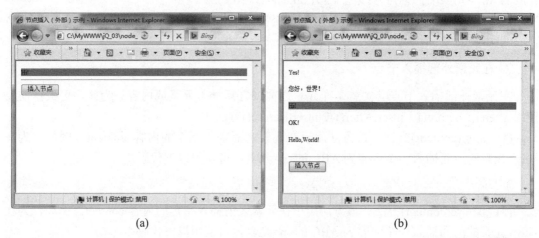

(a)   (b)

图 3-11   "节点插入(外部)示例"页面

主要步骤：

(1) 在站点的 jQ_03 目录中新建一个 HTML 页面 node_InsertOutside.html。

(2) 编写页面 node_InsertOutside.html 的代码。

```
<html>
<head>
<meta http-equiv="Content-Type" content="text/html; charset=utf-8" />
<title>节点插入(外部)示例</title>
<style>
body{font-size:12px}
</style>
<script type="text/javascript" src="./jQuery/jquery.js"></script>
<script type="text/javascript">
$(document).ready(function(){
  $("#btnInsert").click(function(){
    var $p1=$("<p>OK!</p><p>Hello,World!</p>");
    var $p2=$("<p>Yes!</p><p>您好，世界！</p>");
    $div=$("div");
    $div.after($p1);
    $div.before($p2);
  });
});
</script>
```

```
</head>
<body>
<div style="background-color:grey">Hi!</div>
<hr>
<button id="btnInsert">插入节点</button>
</body>
</html>
```

代码解析：

(1) "$div.after($p1);"语句用于将变量$p1 所存放的<p>节点插入由变量$div 所存放的<div>元素的后面，也可修改为"$p1.insertAfter($div);"。

(2) "$div.before($p2);"语句用于将变量$p2 所存放的<p>节点插入由变量$div 所存放的<div>元素的前面，也可修改为"$p2.insertBefore($div);"。

3.6.4 元素节点的删除

为删除元素节点，可根据需要使用 remove()与 detach()方法。这两个方法均可删除所有匹配的元素，其返回值亦为被删除的元素。因此，必要时可重新插入被删除的元素。不过，使用 remove()方法所删除的元素，在重新插入后，原来所绑定的事件将全部失效；而使用 detach()方法所删除的元素，在重新插入后，原来所绑定的事件则依然有效。

【实例 3-12】如图 3-12(a) 所示，为"节点删除示例(remove 方法)"页面 node_Remove.html，内含显示相应内容的一个<div>元素与一个< h1>元素。单击"删除节点"按钮后，可删除<div>元素中的内容为"Hello"的<p>元素，并将其添加到< h1>元素内，如图 3-12(b)所示。

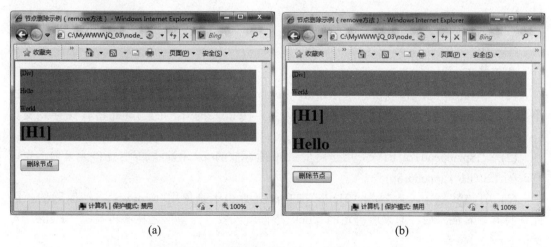

(a)   (b)

图 3-12 "节点删除示例(remove 方法)"页面

主要步骤：

(1) 在站点的 jQ_03 目录中新建一个 HTML 页面 node_Remove.html。

(2) 编写页面 node_Remove.html 的代码。

```
<html>
<head>
<meta http-equiv="Content-Type" content="text/html; charset=utf-8" />
<title>节点删除示例(remove 方法)</title>
<style>
body{font-size:12px}
</style>
<script type="text/javascript" src="./jQuery/jquery.js"></script>
<script type="text/javascript">
$(document).ready(function(){
  $("div p").click(function(){
    alert($(this).text());
  });
  $("#btnDelete").click(function(){
    var $p=$("div p[title != World]").remove();
    $p.appendTo("h1");
  });
});
</script>
</head>
<body>
<div style="background-color:grey">
[Div]
<p title="Hello">Hello</p>
<p title="World">World</p>
</div>
<h1 style="background-color:grey">[H1]</h1>
<hr>
<button id="btnDelete">删除节点</button>
</body>
</html>
```

代码解析:

(1) "var $p=$("div p[title != World]").remove();" 语句用于删除<div>元素内 title 属性不等于"World"的<p>元素(即页面中内容为"Hello"的<p>元素),并将其保存到变量$p 中。

(2) "$p.appendTo("h1");"用于将变量$p 所存放的<p>元素添加到< h1>元素内,也可修改为"$("h1").append($p);"。

(3) 在本实例中,内容为"Hello"的<p>元素由于是使用 remove()方法删除的,因此在将其重新插入后,原来所绑定的 click 事件就失效了,单击之将不再显示"Hello"对话框。

【实例 3-13】如图 3-13(a)所示,为"节点删除示例(detach 方法)"页面 node_Detach.html,内含显示相应内容的一个<div>元素与一个< h1>元素。单击"删除节点"按钮后,可删除<div>元素中的内容为"Hello"的<p>元素,并将其添加到< h1>元素内,如图 3-13(b)所示。

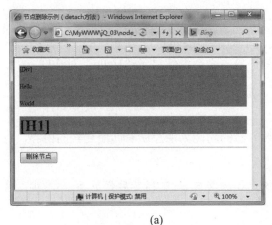
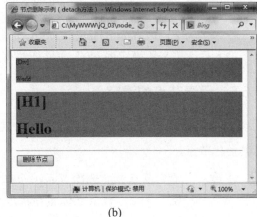

(a)　　　　　　　　　　　　　　　　(b)

图 3-13　"节点删除示例(detach 方法)"页面

主要步骤:

(1) 在站点的 jQ_03 目录中新建一个 HTML 页面 node_Detach.html。

(2) 编写页面 node_Detach.html 的代码。

```html
<html>
<head>
<meta http-equiv="Content-Type" content="text/html; charset=utf-8" />
<title>节点删除示例(detach 方法)</title>
<style>
body{font-size:12px}
</style>
<script type="text/javascript" src="./jQuery/jquery.js"></script>
<script type="text/javascript">
$(document).ready(function(){
  $("div p").click(function(){
    alert($(this).text());
  });
  $("#btnDelete").click(function(){
    var $p=$("div p[title != World]").detach();
    $p.appendTo("h1");
  });
});
</script>
</head>
<body>
<div style="background-color:grey">
[Div]
<p title="Hello">Hello</p>
<p title="World">World</p>
</div>
<h1 style="background-color:grey">[H1]</h1>
<hr>
<button id="btnDelete">删除节点</button>
</body>
</html>
```

代码解析：

在本实例中，内容为"Hello"的<p>元素由于是使用 detach()方法删除的，因此在将其重新插入后，原来所绑定的 click 事件依然有效，单击之会继续显示"Hello"对话框。

3.6.5 元素节点的清空

为清空元素节点，可使用 empty()方法。该方法的功能为清空所有匹配元素的内容，包括其后代节点。

💡 **注意：** 清空节点并非删除节点，而仅仅是删除其内容(包括其后代节点)。因此，清空节点后，该节点依然存在。

【实例 3-14】如图 3-14(a)所示，为"节点清空示例"页面 node_Empty.html，内含显示相应内容的一个<div>元素与一个< h1>元素。单击"清空节点"按钮后，可清空<div>元素中的内容为"Hello"的<p>元素，并将其添加到< h1>元素内(此时其内容为空，因此是看不到的)，如图 3-14(b)所示。单击"重置文本"按钮后，则可让该<p>元素的内容重新设置为"Hello"， 如图 3-14(c)所示。

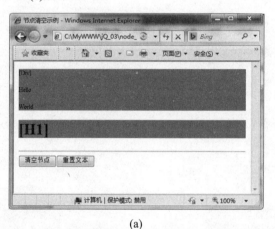

(a)

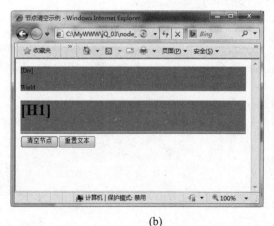

(b)

(c)

图 3-14 "节点清空示例"页面

主要步骤:

(1) 在站点的 jQ_03 目录中新建一个 HTML 页面 node_Empty.html。

(3) 编写页面 node_Empty.html 的代码。

```html
<html>
<head>
<meta http-equiv="Content-Type" content="text/html; charset=utf-8" />
<title>节点清空示例</title>
<style>
body{font-size:12px}
</style>
<script type="text/javascript" src="./jQuery/jquery.js"></script>
<script type="text/javascript">
$(document).ready(function(){
  $("div p").click(function(){
    alert($(this).text());
  });
  $("#btnEmpty").click(function(){
    var $p=$("div p[title != World]").empty();
    $p.appendTo("h1");
  });
  $("#btnReset").click(function(){
    $("p[title != World]").text("Hello");
  });
});
</script>
</head>
<body>
<div style="background-color:grey">
[Div]
<p title="Hello">Hello</p>
<p title="World">World</p>
</div>
<h1 style="background-color:grey">[H1]</h1>
<hr>
<button id="btnEmpty">清空节点</button>
<button id="btnReset">重置文本</button>
</body>
</html>
```

代码解析:

在本实例中,内容为"Hello"的<p>元素只是使用 empty()方法清空其内容,并没有将其删除。因此在将其添加到< h1>元素内部后,即可重新设置其内容。此外,原来所绑定的 click 事件依然有效,单击之会继续显示相应的对话框。

3.6.6　元素节点的复制

为复制元素节点,可使用 clone()方法。在调用该方法时,可不带任何参数,也可以带上一个布尔型参数。具体使用方式如下。

(1) clone()。不带参数调用 clone()方法，只复制匹配的元素，而不包括其事件处理程序。

(2) clone(true)。以布尔型参数 true 调用 clone()方法，可复制匹配的元素及其事件处理程序。

(3) clone(false)。以布尔型参数 false 调用 clone()方法等同于不带参数调用 clone()方法，即只复制匹配的元素，而不包括其事件处理程序。

【实例 3-15】如图 3-15(a)所示，为"节点复制示例"页面 node_Clone.html，内含显示相应内容的一个<div>元素与一个< h1>元素。单击"启用节点复制功能"按钮后，若单击<div>元素中的内容为"Hello"的<p>元素，则可将其复制并添加到<h1>元素内部的最后面，如图 3-15(b)所示。若单击<div>元素中的内容为"World"的<p>元素，则可将其复制并添加到自己的后面，如图 3-15(c)所示。

(a)

(b)

(c)

图 3-15 "节点复制示例"页面

主要步骤：

(1) 在站点的 jQ_03 目录中新建一个 HTML 页面 node_Clone.html。

(2) 编写页面 node_Clone.html 的代码。

```html
<html>
<head>
<meta http-equiv="Content-Type" content="text/html; charset=utf-8" />
<title>节点复制示例</title>
<style>
body{font-size:12px}
</style>
<script type="text/javascript" src="./jQuery/jquery.js"></script>
<script type="text/javascript">
$(document).ready(function(){

 $("#btnClone").click(function(){
   $("div p:eq(0)").click(function(){
     $(this).clone().appendTo("h1");   //复制自己但不复制事件处理程序
   });
   $("div p:eq(1)").click(function(){
     $(this).clone(true).insertAfter(this);   //复制自己并且复制事件处理程序
   });
 });
});
</script>
</head>
<body>
<div style="background-color:grey">
[Div]
<p title="Hello">Hello</p>
<p title="World">World</p>
</div>
<h1 style="background-color:grey">[H1]</h1>
<hr>
<button id="btnClone">启用节点复制功能</button>
</body>
</html>
```

代码解析：

(1) 在本实例中，单击“启用节点复制功能”按钮后，即可为<div>元素内的两个<p>元素分别绑定相应的事件处理程序(即事件处理函数)。

(2) 由于内容为“Hello”的<p>元素是使用 clone()复制的，并不包括其事件处理程序，因此在单击复制到<h1>元素内部的各个“Hello”元素节点时，不会有任何响应。与此不同，由于内容为“World”的<p>元素是使用 clone(true)复制的，同时包括其事件处理程序，因此在单击复制到其后面的各个“World”元素节点时，会做出同样的响应。

3.6.7　元素节点的替换

为替换元素节点，可根据需要使用 replaceWith()与 replaceAll()方法。

(1) replaceWith(content)。该方法的功能是将所有匹配的元素替换为指定的内容 content。例如，为将当前元素替换为一个包含内容 OK 的<div>元素，可使用以下代码：

```
$(this).replaceWith("<div>OK</div>");
```

(2) replaceAll(selector)。该方法的功能是使用指定的或匹配的元素替换所有由选择符为 selector 的选择器所匹配的元素。例如，为用内容为 OK 的<div>元素替换当前元素，可使用以下代码：

```
$("<div>OK</div>").replaceAll(this);
```

【实例 3-16】如图 3-16(a)所示，为"节点替换示例"页面 node_Replace.html，内含显示相应内容的两个<div>元素。单击"替换节点"按钮后，这两个<div>元素将分别替换为内容为"Hello"与"World"的两个新的<div>元素，如图 3-16(b)所示。

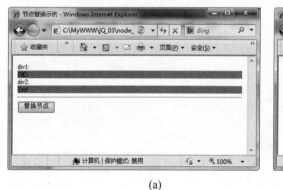
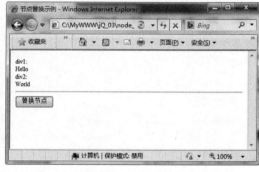

(a)　　　　　　　　　　　　　(b)

图 3-16　"节点替换示例"页面

主要步骤：

(1) 在站点的 jQ_03 目录中新建一个 HTML 页面 node_Replace.html。

(2) 编写页面 node_Replace.html 的代码。

```
<html>
<head>
<meta http-equiv="Content-Type" content="text/html; charset=utf-8" />
<title>节点替换示例</title>
<style>
body{font-size:12px}
</style>
<script type="text/javascript" src="./jQuery/jquery.js"></script>
<script type="text/javascript">
$(document).ready(function(){
  $("#btnReplace").click(function(){
    $("#div1").replaceWith("<div>Hello</div>");  //替换 id 为 div1 的<div>元素
```

```
$("<div>World</div>").replaceAll("#div2");    //替换 id 为 div2 的<div>元素
$("#div1").replaceWith("<div>您好</div>");    //替换 id 为 div1 的<div>元素
//找不到#div1，相当于无效
$("<div>世界</div>").replaceAll("#div2");      //替换 id 为 div2 的<div>元素
//找不到#div2，相当于无效
});
});
</script>
</head>
<body>
div1:
<div id="div1" style="background-color:grey">
OK!
</div>
div2:
<div id="div2" style="background-color:grey">
Yes!
</div>
<hr>
<button id="btnReplace">替换节点</button>
</body>
</html>
```

代码解析：

在本实例中，包含以下两行代码：

```
$("#div1").replaceWith("<div>您好</div>");
$("<div>世界</div>").replaceAll("#div2");
```

由运行结果可知，这两行代码其实是不起作用的。究其原因，在于单击"替换节点"按钮后，原来 id 为 div1 与 div2 的两个<div>元素会先被替换为两个新的<div>元素(其内容分别为"Hello"与"World")，而新元素的 id 并不是 div1 与 div2。因此，在执行以上两行代码时，页面中已不再存在 id 为 div1 与 div2 的元素了。这样，这两行代码就相当于无效了。

3.6.8　元素节点的包裹

所谓包裹元素，是指用指定的标记将匹配的元素包裹起来。为包裹元素节点，可使用wrap()、wrapAll()与wrapInner()方法。

(1) wrap(tag|fn)。该方法用于将匹配的元素逐一用指定的标记 tag 或回调函数 fn 返回的标记包裹起来。例如，对于以下 HTML 代码：

```
<p>Hello,World!</p><div id="myDiv"></div>
```

执行以下 jQuery 语句：

```
$("p").wrap($("#myDiv"));   //或者: $("p").wrap("<div id='myDiv' />");
```

最终结果是：

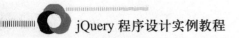

```
<div id="myDiv"><p>Hello,World!</p></div><div id="myDiv"></div>
```

必要时，可用一个回调函数作为 wrap()方法的参数(从 jQuery 1.4 开始)，以便动态地生成一个用来包裹元素的 HTML 结构。例如，对于以下 HTML 代码：

```
<div id="myDiv"><p>One</p><p>Two</p><p>Three</p></div>
```

执行以下 jQuery 语句：

```
$("#myDiv p").wrap(function(){
    return "<div class='"+$(this).text()+"' />";
});
```

最终结果是：

```
<div id="myDiv"><div class="One"><p>One</p></div>
<div class="Two"><p>Two</p></div><div class="Three"><p>Three</p></div></div>
```

📑 **说明：** 使用 wrap()方法时，如果从页面中选择一个 HTML 结构包裹目标元素，是不会移走该结构的，而是先复制出一个副本，然后用该副本包裹目标元素。

📋 **提示：** 与 wrap()方法作用正好相反的方法是 unwrap()。该方法用于删除各个匹配元素的父元素(即直接上级元素)，且让匹配元素依然保留在其原位置并返回 jQuery 对象。例如，对于以下 HTML 代码：

```
<div id="myDiv"><p>Hello,World!</p></div><div id="myDiv"></div>
```

执行以下 jQuery 语句：

```
$("p").unwrap();
```

最终结果是：

```
<p>Hello,World!</p><div id="myDiv"></div>
```

(2) wrapAll(tag)。该方法用于将指定的标记 tag 包裹在所有匹配元素的周围。例如，对于以下 HTML 代码：

```
<div id="myDiv"><p>第一段</p><p>第二段</p><p>第三段</p></div>
```

执行以下 jQuery 语句：

```
$("#myDiv p").wrapAll("<div class='myClass' />");
```

最终结果是：

```
<div id="myDiv"><div class="myClass"><p>第一段</p><p>第二段</p><p>第三段
</p></div></div>
```

💡 **注意：** wrapAll()方法将所有匹配的元素作为一个整体进行包裹，而 wrap()方法则分别对每个匹配的元素进行包裹。

(3) wrapInner(tag|fn)。该方法用于将匹配集合中每个元素的内容(包括文本节点在内)

逐一用指定的标记 tag 或回调函数 fn 返回的标记包裹起来。例如，对于以下 HTML 代码：

```
<div id="myDiv"><p>第一段</p><p>第二段</p><p>第三段</p></div>
```

执行以下 jQuery 语句：

```
$("#myDiv p").wrapInner("<b class='myClass' />");
```

最终结果是：

```
<div id="myDiv"><p><b class="myClass">第一段</b></p><p><b
class="myClass">第二段</b></p><p><b class="myClass">第三段</b></p></div>
```

必要时，可用一个回调函数作为 wrapInner()方法的参数(从 jQuery 1.4 开始)，以便动态地生成一个用来包裹元素内容的 HTML 结构。例如，对于以下 HTML 代码：

```
<div id="myDiv"><p>One</p><p>Two</p><p>Three</p></div>
```

执行以下 jQuery 语句：

```
$("#myDiv p").wrap(function(){
    return "<b class='"+$(this).text()+"' />";
});
```

最终结果是：

```
<div id="myDiv"><p><b class="One">One</b></p><p><b
class="Two">Two</b></p><p><b class="Three">Three</b></p></div>
```

【实例 3-17】如图 3-17(a)所示，为"节点包裹示例"页面 node_Wrap.html，内含一个背景为灰色的<div>元素(其内容为"[Div]")与两个背景为白色的<p>元素(其内容分别为"Hello"与"World")。单击"包裹节点"按钮，页面中的<p>元素会分别被<div>元素所包裹，如图 3-17(b)所示。单击"解包节点"按钮，页面中的 p 元素则会分别被解包(即其父元素会被删除)，如图 3-17(c)所示。

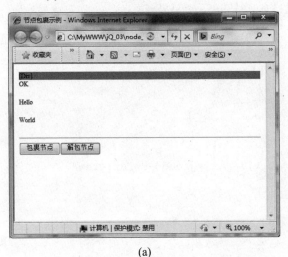

(a)

图 3-17　"节点包裹示例"页面

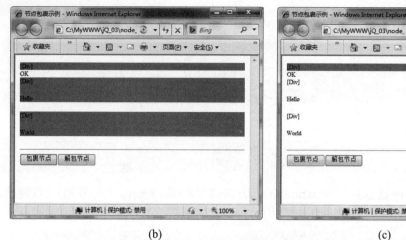

(b)　　　　　　　　　　　　　　　　　(c)

图 3-17　　"节点包裹示例"页面(续)

主要步骤:

(1) 在站点的 jQ_03 目录中新建一个 HTML 页面 node_Wrap.html。

(2) 编写页面 node_Wrap.html 的代码。

```html
<html>
<head>
<meta http-equiv="Content-Type" content="text/html; charset=utf-8" />
<title>节点包裹示例</title>
<style>
body{font-size:12px}
</style>
<script type="text/javascript" src="./jQuery/jquery.js"></script>
<script type="text/javascript">
$(document).ready(function(){
  $("#btnWrap").click(function(){
    $("p").wrap($("#myDiv"));
  });
  $("#btnUnwrap").click(function(){
    $("p").unwrap();
  });
});
</script>
</head>
<body>
<div id="myDiv" style="background-color:grey">
[Div]
</div>
OK
<br>
<p title="Hello">Hello</p>
<p title="World">World</p>
<hr>
<button id="btnWrap">包裹节点</button>
```

```
<button id="btnUnwrap">解包节点</button>
</body>
</html>
```

代码解析：

在本实例中，一开始<p>元素的背景为白色，被背景为灰色的<div>元素包裹后，<p>元素在显示时背景就变为灰色了。每单击一次"包裹节点"按钮，<p>元素都会被<div>元素包裹一次。反之，每单击一次"解包节点"按钮，<p>元素都会被解包一次，即删除其父元素(即<div>元素)一次。当<p>元素的父元素全部被删除后，其背景将重新显示为白色。如图 3-18(a)所示，为打开页面后连续单击两次"包裹节点"按钮后的情形。此时，若单击一次"解包节点"按钮，则页面显示如图 3-18(b)所示。若再单击一次"解包节点"按钮，则页面显示如图 3-18(c)所示。由此可见，在解包节点时，父节点的内容会被保留下来。

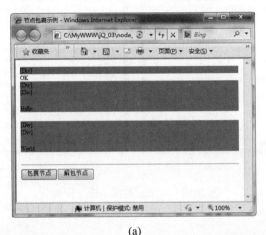

(a)

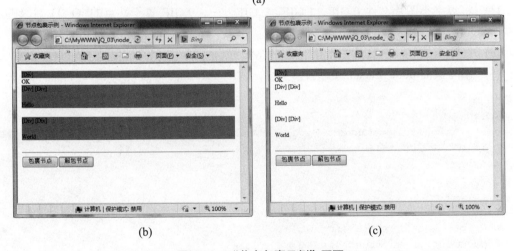

(b)　　　　　　　　　　　　　　　(c)

图 3-18　"节点包裹示例"页面

3.6.9　元素节点的遍历

为遍历元素节点，可使用 each()方法。该方法的功能为对匹配的所有元素逐一进行遍

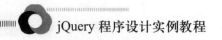

历，语法格式为：

```
each(callback)
```

其中，callback 为回调函数。该回调函数可以接受一个形参 index，而该形参表示的是遍历过程中当前元素的序号(序号为从 0 开始)。在回调函数中，借助于 this 关键字，即可实现对当前元素的访问。

【实例 3-18】 如图 3-19(a)所示，为"节点遍历示例"页面 node_Each.html，内含 10个数字小图片(0～9)与一个文本域。单击"遍历节点"按钮，可分别为各个数字小图片设置内容格式为"图片+序号"的标题文本，同时在文本域中显示出各个数字小图片文件的路径(或地址)，如图 3-19(b)所示。

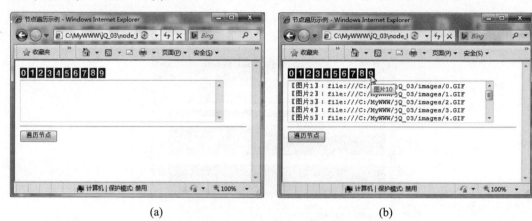

(a)   (b)

图 3-19   "节点遍历示例"页面

主要步骤：

(1) 将数字小图片文件 0.GIF、1.GIF、2.GIF、…、9.GIF 置于站点的 jQ_03 目录的子目录 images 中。

(2) 在站点的 jQ_03 目录中新建一个 HTML 页面 node_Each.html。

(3) 编写页面 node_Each.html 的代码。

```html
<html>
<head>
<meta http-equiv="Content-Type" content="text/html; charset=utf-8" />
<title>节点遍历示例</title>
<style>
body{font-size:12px}
</style>
<script type="text/javascript" src="./jQuery/jquery.js"></script>
<script type="text/javascript">
$(document).ready(function(){
  $("#btnEach").click(function(){
    $("#result").val("");
    $("img").each(function(index){
      $(this).attr("title","图片"+(index+1));
```

```
        $("#result").val($("#result").val()+"〖图片"+(index+1)+"〗:
            "+$(this).attr("src")+"\r\n");
    })
  });
});
</script>
</head>
<body>
<img height=20 src="images/0.GIF" width=15>
<img height=20 src="images/1.GIF" width=15>
<img height=20 src="images/2.GIF" width=15>
<img height=20 src="images/3.GIF" width=15>
<img height=20 src="images/4.GIF" width=15>
<img height=20 src="images/5.GIF" width=15>
<img height=20 src="images/6.GIF" width=15>
<img height=20 src="images/7.GIF" width=15>
<img height=20 src="images/8.GIF" width=15>
<img height=20 src="images/9.GIF" width=15>
<br>
<textarea name="result" cols="50" rows="5" id="result"></textarea>
<hr>
<button id="btnEach">遍历节点</button>
</body>
</html>
```

代码解析:

在本实例中,使用 each()方法遍历<img>元素。在遍历过程中,通过设置<img>元素的 title 属性为各个数字小图片添加标题文本,通过访问<img>元素的 src 属性获取各个数字小图片文件的路径(或地址)。

3.7 元素操作应用实例

下面通过一个具体实例,简要说明 jQuery 在元素操作方面的综合应用。

【实例 3-19】如图 3-20(a)所示,为"猜数游戏(0~9)"页面 guessNumber.html。若无任何输入而直接单击"确定"按钮,将打开一个"请输入你猜的数!"对话框,如图 3-20(b)所示。待输入一个数字后,再单击"确定"按钮,若猜对了,则可将页面中的小图片更换为"打钩"小图片,并显示提示信息"你好厉害,居然猜对了!",如图 3-20(c)所示;反之,若猜错了,则可将页面中的小图片更换为"打叉"小图片,并显示提示信息"很遗憾,这次你猜错了!",如图 3-20(d)所示。若单击"显示答案"按钮,将打开一个内含当前正确数字的对话框,如图 3-20(e)所示。若单击"再来一次"按钮,则可将页面恢复为初始状态,如图 3-20(a)所示。

主要步骤:

(1) 将图像文件 wrong.jpg 置于站点的 jQ_03 目录的子目录 images 中(另外两个所需要的图像文件已在实现前面有关实例时置于该子目录中)。

(2) 在站点的 jQ_03 目录中新建一个 HTML 页面 guessNumber.html。

(a)

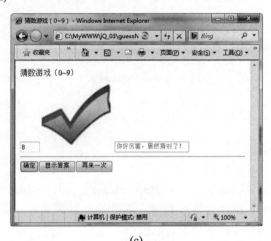

(b)　　　　　　　　　　　　　　　　　(c)

(d)　　　　　　　　　　　　　　　　　(e)

图 3-20　　"猜数游戏(0~9)"页面及其操作结果

(3) 编写页面 guessNumber.html 的代码。

```
<html>
<head>
<meta http-equiv="Content-Type" content="text/html; charset=utf-8">
<title>猜数游戏(0~9)</title>
<script type="text/javascript" src="./jQuery/jquery.js"></script>
<script type="text/javascript">
function getRandomNumber(n){
    return Math.floor(Math.random()*n);
}
$(document).ready(function(){
  $("#randomNumber").val(getRandomNumber(10));
  $("#myNumber").focus();
  $("#btnOK").click(function(){
    if ($("#myNumber").val()==""){
      alert("请输入你猜的数!");
      $("#myNumber").focus();
      return;
    }
    if ($("#myNumber").val()==$("#randomNumber").val()){
      $("#myImg").attr("src","images/right.jpg");
      $("#resultMessage").val("你好厉害，居然猜对了!");
    }
    else{
      $("#myImg").attr("src","images/wrong.jpg");
      $("#resultMessage").val("很遗憾，这次你猜错了!");
    }
  });
  $("#btnAnswer").click(function(){
    alert("正确的数是"+$("#randomNumber").val()+"。");
  })
  $("#btnAgain").click(function(){
    $("#myImg").attr("src","images/ok.jpg");
    $("#resultMessage").val("");
    $("#randomNumber").val(getRandomNumber(10));
    $("#myNumber").val("");
    $("#myNumber").focus();
  })
});
</script>
</head>
<body>
<div>
猜数游戏(0~9)
<br>
<input name="randomNumber" type="hidden" id="randomNumber" size="1"
    maxlength="1">
<input name="myNumber" type="text" id="myNumber" size="1" maxlength="1">
<img src="images/ok.jpg" alt="图像" name="myImg" width="150" height="150"
id="myImg">
<input name="resultMessage" type="text" id="resultMessage" disabled>
```

```
</div>
<hr>
<button id="btnOK">确定</button>
<button id="btnAnswer">显示答案</button>
<button id="btnAgain">再来一次</button>
</body>
</html>
```

代码解析：

(1) 在本实例中，自定义了一个函数 getRandomNumber(n)，其功能为返回一个从 0～n-1 之间的随机整数(包括 0 与 n-1，其中 n 为大于 0 的一个整数)。

(2) 页面中包含 3 个<input>元素。其中，第一个为"答案"隐藏域，其 id 为 randomNumber，用于存放当前正确的数(即答案)；第二个为正常的文本框，其 id 为 myNumber，用于输入用户所猜的数；第三个为被禁用的"信息"文本框，其 id 为 resultMessage，用于显示相应的提示信息。

(3) 在文档就绪时，以及在每次单击"再来一次"按钮时，均以 10 为参数调用 getRandomNumber()函数以生成一个相应的随机数，并将其作为当前正确的数存放到"答案"隐藏域中。

(4) 单击"确定"按钮后，通过"$("#myNumber").val()"即可获取当前用户的输入，若为空，则显示"请输入你猜的数！"对话框，要求用户重新输入。否则，将用户的输入与通过"$("#randomNumber").val()"获取的当前正确的数进行比较，以判断猜数结果，并据此完成对有关元素的操作。

(5) focus()为 jQuery 中的一个方法，可让有关元素(在此为用于输入用户所猜的数的文本框)自动获取输入焦点。

本 章 小 结

本章简要地介绍了元素操作的概况，并通过具体实例讲解了在 jQuery 中对元素内容、元素值、元素属性、元素样式与元素节点进行各种操作的基本方法。通过本章的学习，应熟练掌握基于 jQuery 的元素操作技术，并能灵活地将其运用到各类 Web 应用的开发中，以更好地实现所需要的有关功能与效果。

思 考 题

1. 页面元素的操作可分为哪几种类型？
2. 元素的文本内容与 HTML 内容有何区别？
3. 在 jQuery 中如何获取、设置元素的文本内容与 HTML 内容？
4. 在 jQuery 中如何获取、设置元素的值？
5. 在 jQuery 中如何获取、设置、删除元素的属性？
6. 在 jQuery 中如何获取、设置元素的 CSS 样式属性？
7. 在 jQuery 中如何为元素添加 CSS 样式类？

8. 在 jQuery 中如何删除元素的 CSS 样式类？

9. 元素节点的操作主要包括哪些？

10. 在 jQuery 中如何查找元素节点？

11. 在 jQuery 中如何创建元素节点？

12. 在 jQuery 中如何插入元素节点？

13. 在 jQuery 中如何删除元素节点？

14. 在 jQuery 中如何清空元素节点？

15. 在 jQuery 中如何复制元素节点？

16. 在 jQuery 中如何替换元素节点？

17. 在 jQuery 中如何包裹元素节点？

18. 在 jQuery 中如何遍历元素节点？

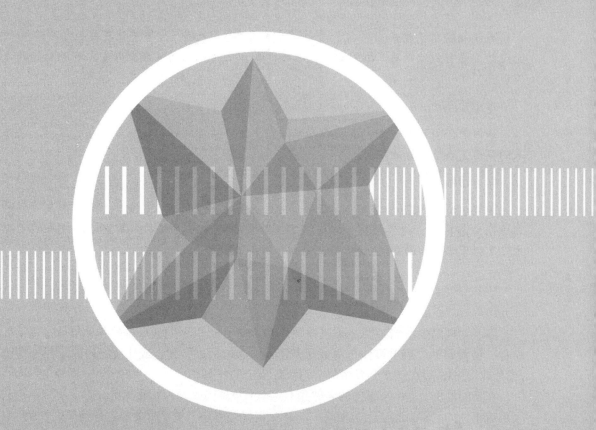

第 4 章

jQuery 事件处理

事件处理对于各类应用的开发来说至关重要。jQuery 为事件处理提供了强有力的全面支持，并有效地解决了浏览器的兼容性问题，极大地方便了应用开发中有关功能的灵活实现。

本章要点：

事件简介；事件方法；事件的基本操作；悬停操作的模拟；事件对象的应用；动画效果的实现；表格操作的实现。

学习目标：

了解 jQuery 的事件概况；掌握事件方法的基本用法；掌握绑定、解绑与触发事件的基本方法；掌握悬停操作的模拟方法；掌握事件对象的应用技术；掌握动画效果的实现技术；掌握表格操作的实现技术。

4.1 事 件 简 介

除了文档对象就绪事件 ready 以外，jQuery 还提供了为数众多的各种事件，包括鼠标事件、键盘事件、表单事件与浏览器事件等。通过为事件绑定或注册相应的事件处理函数(或处理程序)，可在该事件发生时自动执行预定的任务。

在不同的浏览器中，事件的名称并不完全一致。因此，为方便起见，jQuery 为用户统一了所有事件的名称。也正因为如此，jQuery 很好地解决了浏览器的兼容性问题。如表 4-1、表 4-2、表 4-3 与表 4-4 所示，分别为 jQuery 所提供的鼠标事件、键盘事件、表单事件与浏览器事件。事实上，jQuery 的事件名与标准 DOM 中的事件名颇为相似，而与 IE 事件名的区别主要是没有以"on"开头。

表 4-1　jQuery 中的鼠标事件

名　称	说　明
click	单击事件，在元素上单击时触发
dblclick	双击事件，在元素上双击时触发
mousedown	在元素上按下鼠标按键时触发
mouseup	在元素上释放鼠标按键时触发
mousemove	在元素内移动鼠标指针时触发
mouseenter	鼠标指针进入元素时触发
mouseleave	鼠标指针离开元素时触发
mouseover	鼠标指针进入元素时触发
mouseout	鼠标指针离开元素时触发
hover	鼠标指针进入元素及移出元素时触发

表 4-2　jQuery 中的键盘事件

名　　称	说　　明
keydown	在元素上按下键盘按键时触发
keyup	在元素上释放键盘按键时触发
keypress	在元素上敲击键盘按键(即按下并释放同一个键盘按键)时触发

表 4-3　jQuery 中的表单事件

名　　称	说　　明
blur	当元素失去焦点时触发
change	在元素的值发生改变并失去焦点时触发(仅适用于文本框、文本域与选择框)
focus	当元素获得焦点时触发
select	在元素内选定文本内容时触发(仅适用于文本框与文本域)
submit	提交表单时触发

表 4-4　jQuery 中的浏览器事件

名　　称	说　　明
load	当元素及其所有子元素完全加载完毕时触发
unload	在元素卸载时触发
error	当元素未能正确加载时触发
resize	当调整浏览器窗口的大小时触发
scroll	当元素被用户滚动时触发,适用于所有可滚动的元素与浏览器窗口(即 window 对象)

4.2　事 件 方 法

　　jQuery 不但统一了所有事件的名称,而且提供了相应的事件方法,以便为事件绑定处理函数,或触发事件处理函数的执行。

　　在 jQuery 中,对于大多数事件来说,其事件方法名与事件的名称相同。例如,click事件的事件方法名为 click,而 dblclick 事件的事件方法名为 dblclick。

4.2.1　事件处理函数的绑定

　　只有为事件绑定了处理函数,才能在该事件发生时做出相应的响应。如果要为事件绑定处理函数,那么应以事件处理函数作为参数调用相应的事件方法。其基本格式为:

```
EventMethodName(function(){
…
});
```

其中，EventMethodName 为事件方法名，而 function(){...}则为相应的事件处理函数。

例如，以下代码可为 id 为"#btnOK"的元素绑定一个单击事件处理函数，当单击该元素时可显示一个内容为"OK!"的对话框。

```
$("#btnOK").click(function(){
    alert("OK!");
});
```

【实例 4-1】如图 4-1(a)所示，为"事件绑定示例"页面 BcJs1.html，内含一个内容为"Web 编程技术主要有哪些？"的<h3>元素。单击"绑定事件"按钮后，再单击该<h3>元素，将显示相应的 Web 编程技术内容，如图 4-1(b)所示。

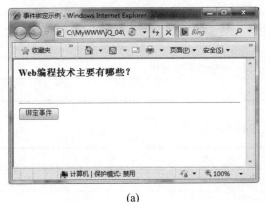
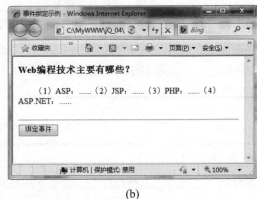

(a)   (b)

图 4-1   "事件绑定示例"页面

主要步骤：

(1) 在站点 MyWWW 中创建一个新的目录 jQ_04。

(2) 在站点的 jQ_04 目录中创建一个子目录 jQuery，然后将 jQuery 库文件置于其中，并重命名为 jquery.js。

(3) 在站点的 jQ_04 目录中新建一个 HTML 页面 BcJs1.html。

(4) 编写页面 BcJs1.html 的代码。

```
<html>
<head>
<meta http-equiv="Content-Type" content="text/html; charset=utf-8">
<title>事件绑定示例</title>
<style type="text/css">
#content{
  text-indent:2em;
  display:none;
}
</style>
<script type="text/javascript" src="./jQuery/jquery.js"></script>
<script type="text/javascript">
$(document).ready(function(){
  $("#btnOK").click(function(){
```

```
     $("#web h3.title").click(function(){
       $(this).next().show();
     })
   });
});
</script>
</head>
<body>
<div id="web">
  <h3 class="title">Web 编程技术主要有哪些？</h3>
  <div id="content">
  (1)ASP: ......(2)JSP: ......(3)PHP: ......(4)ASP.NET: ......
  </div>
</div>
<br>
<hr>
<button id="btnOK">绑定事件</button>
</body>
</html>
```

代码解析：

(1)　在本页面中，单击"绑定事件"按钮，将调用 click()方法为内容是"Web 编程技术主要有哪些？"的<h3>元素绑定一个单击事件，而相应的单击事件处理函数的功能为显示该<h3>元素的下一个同胞元素，即显示内容为相应的"Web 编程技术"的<div>元素。

(2)　在事件处理函数中，$(this)表示当前元素(在本实例中为<h3>元素)。

(3)　在 jQuery 中，next()方法返回相应元素(在本实例中为<h3>元素)的下一个同胞元素。

4.2.2　事件处理函数的执行

用户在页面中的有关操作，可自动触发相应的事件，从而执行为该事件绑定的事件处理函数。此外，也可以通过调用不带任何参数的事件方法来触发相应的事件。其基本格式为：

```
EventMethodName();
```

其中，EventMethodName 为事件方法名。

例如，要触发 id 为"#btnOK"的元素的单击事件(即 click 事件)，代码如下：

```
$("#btnOK").click();
```

【实例 4-2】如图 4-2(a)所示，为"事件触发示例"页面 BcJs2.html，内含一个内容为"Web 编程技术主要有哪些？"的<h3>元素。单击"触发事件"按钮，将显示相应的"Web 编程技术"内容，如图 4-2(b)所示。

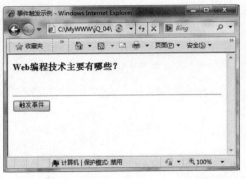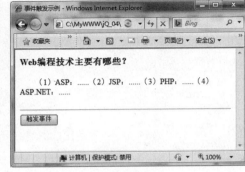

(a)   (b)

图 4-2   "事件触发示例"页面

主要步骤：

(1) 在站点的 **jQ_04** 目录中新建一个 HTML 页面 BcJs2.html。

(2) 编写页面 BcJs2.html 的代码。

```html
<html>
<head>
<meta http-equiv="Content-Type" content="text/html; charset=utf-8">
<title>事件触发示例</title>
<style type="text/css">
#content{
  text-indent:2em;
  display:none;
}
</style>
<script type="text/javascript" src="./jQuery/jquery.js"></script>
<script type="text/javascript">
$(document).ready(function(){
  $("#web h3.title").click(function(){
    $(this).next().show();
  })
  $("#btnOK").click(function(){
    $("#web h3.title").click();
  });
});
</script>
</head>
<body>
<div id="web">
  <h3 class="title">Web 编程技术主要有哪些？</h3>
  <div id="content">
  (1)ASP：......(2)JSP：......(3)PHP：......(4)ASP.NET：......
  </div>
</div>
<br>
<hr>
<button id="btnOK">触发事件</button>
```

```
</body>
</html>
```

代码解析：

(1) 在本实例中，当文档就绪时，将自动调用 click()方法为内容是"Web 编程技术主要有哪些？"的<h3>元素绑定一个单击事件，而相应的单击事件处理函数的功能为显示该<h3>元素的下一个同胞元素，即显示内容为相应的"Web 编程技术"的<div>元素。

(2) 单击"触发事件"按钮时，通过调用 click()方法触发<h3>元素的单击事件，从而执行为其绑定的单击事件处理函数。

4.3　事件的基本操作

在 jQuery 中，事件的应用是十分灵活的。根据需要，在文档就绪后，可为元素绑定事件以完成相应的操作。反之，对于已绑定的事件，也可将其解绑(或移除)。必要时，还可以随时触发有关的事件。

4.3.1　事件的绑定

为绑定事件，可使用 bind()方法或 one()方法。其中，bind()方法所绑定的事件处理函数(或处理程序)可在相应事件的每一次触发时正常执行，而 one()方法所绑定的事件处理函数则只能在相应事件的第一次触发时被执行一次。二者的语法格式为：

```
bind(name[,data],fn);
one(name[,data],fn);
```

其中，参数 name 用于指定欲绑定事件的名称，参数 data(可选)用于指定作为 data 属性值传递给事件对象的额外数据对象，参数 fn 用于指定欲绑定事件的处理函数。

例如，以下代码可为 id 为"#btnOK"的元素绑定一个单击事件，其处理函数的功能为显示一个内容为"OK!"的对话框。

```
$("#btnOK").bind("click",function(){
    alert("OK!");
});
```

执行以上代码后，每次单击 id 为"#btnOK"的元素均可显示一个内容为"OK!"的对话框。若将 bind()方法改为 one()方法，则单击该元素时只能显示一次对话框。

【实例 4-3】如图 4-3(a)所示，为"事件绑定示例"页面 BcJs3.html，内含一个内容为"Web 编程技术主要有哪些？"的<h3>元素。单击"绑定事件"按钮后，在首次将鼠标指针移动到该<h3>元素之上时，可自动添加一个内容为"OK！"的<p>元素，如图 4-3(b)所示；若单击该<h3>元素，则可显示相应的"Web 编程技术"内容，并在其后添加一行减号"-"，如图 4-3(c)所示。

(a)

(b)

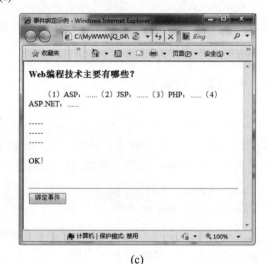

(c)

图 4-3 "事件绑定示例"页面

主要步骤：

(1) 在站点的 jQ_04 目录中新建一个 HTML 页面 BcJs3.html。

(2) 编写页面 BcJs3.html 的代码。

```html
<html>
<head>
<meta http-equiv="Content-Type" content="text/html; charset=utf-8">
<title>事件绑定示例</title>
<style type="text/css">
#content{
  text-indent:2em;
  display:none;
}
</style>
<script type="text/javascript" src="./jQuery/jquery.js"></script>
<script type="text/javascript">
```

```
$(document).ready(function(){
  $("#btnOK").click(function(){
    $("#web h3.title").bind("click",function(){
      $(this).next().show();
      $(this).next().after("<br>-----");
    })
    .one("mouseover",function(){
      $("#content").after("<p>OK! </p>");
    })
  });
});
</script>
</head>
<body>
<div id="web">
  <h3 class="title">Web 编程技术主要有哪些？</h3>
  <div id="content">
  (1)ASP: ......(2)JSP: ......(3)PHP: ......(4)ASP.NET: ......
  </div>
</div>
<br>
<hr>
<button id="btnOK">绑定事件</button>
</body>
</html>
```

代码解析：

(1) 在本实例中，单击"绑定事件"按钮，将调用 bind()方法为内容是"Web 编程技术主要有哪些？"的<h3>元素绑定一个单击事件，而相应的单击事件处理函数的功能为显示该<h3>元素的下一个同胞元素(即内容为相应的"Web 编程技术"的<div>元素)，并在其后添加一行减号"-"；同时调用 one()方法为该<h3>元素绑定一个 mouseover 事件，而相应的 mouseover 事件处理函数的功能为在显示相应"Web 编程技术"内容的<div>元素后添加一个内容为"OK！"的<p>元素。

(2) 使用 bind()方法绑定的事件处理函数可重复执行，因此在本页面中，每单击一次内容为"Web 编程技术主要有哪些？"的<h3>元素，就会多添加一行减号"-"。如图 4-3(c)所示，即为单击 3 次该<h3>元素后的情形。

(3) 使用 one()方法绑定的事件处理函数只能被执行一次，因此在本页面中，只在第一次将鼠标指针移动到内容为"Web 编程技术主要有哪些？"的<h3>元素上时，才可自动添加一个内容为"OK！"的<p>元素。

4.3.2　事件的解绑

为解绑事件，可使用 unbind()方法。其语法格式为：

```
unbind([name][[,]fn]);
```

其中，参数 name(可选)用于指定欲解绑事件的名称，参数 fn(可选)用于指定相应的解

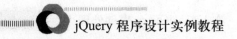

除事件绑定的处理函数。

💡 **注意：** 在调用 unbind()方法时，若不指定任何参数，则会解绑匹配元素上所有已绑定的事件。

例如，要解绑在 id 为 "#btnOK" 的元素上所绑定的单击事件，代码如下：

```
$("#btnOK").unbind("click");
```

【实例 4-4】如图 4-4(a)所示，为 "事件解绑示例" 页面 BcJs4.html，内含一个内容为 "Web 编程技术主要有哪些？" 的<h3>元素。每次将鼠标指针移动到该<h3>元素上时，可自动添加一个内容为 "OK！" 的<p>元素，如图 4-4(b)所示；若单击该<h3>元素，则可显示相应的 "Web 编程技术" 内容，并在其后添加一行减号 "-"，如图 4-4(c)所示。单击 "解绑事件" 按钮后，将鼠标指针移动到该<h3>元素上时，将不再添加内容为 "OK！" 的<p>元素。

(a)

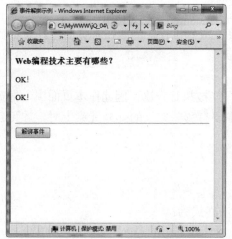

(b)

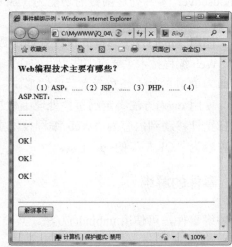

(c)

图 4-4 "事件解绑示例" 页面

主要步骤：

(1) 在站点的 jQ_04 目录中新建一个 HTML 页面 BcJs4.html。

(2) 编写页面 BcJs4.html 的代码。

```
<html>
<head>
<meta http-equiv="Content-Type" content="text/html; charset=utf-8">
<title>事件解绑示例</title>
<style type="text/css">
#content{
  text-indent:2em;
  display:none;
}
</style>
<script type="text/javascript" src="./jQuery/jquery.js"></script>
<script type="text/javascript">
$(document).ready(function(){
  $("#web h3.title").bind("click",function(){
    $(this).next().show();
     $(this).next().after("<br>-----");
  }).bind("mouseover",function(){
    $("#content").after("<p>OK! </p>");
  })
  $("#btnOK").click(function(){
     $("#web h3.title").unbind("mouseover");
  });
});
</script>
</head>
<body>
<div id="web">
  <h3 class="title">Web 编程技术主要有哪些？</h3>
  <div id="content">
  (1)ASP: ......(2)JSP: ......(3)PHP: ......(4)ASP.NET: ......
  </div>
</div>
<br>
<hr>
<button id="btnOK">解绑事件</button>
</body>
</html>
```

代码解析：

(1) 在本实例中，当文档就绪时，将调用 bind()方法为内容是"Web 编程技术主要有哪些？"的<h3>元素绑定一个单击事件，而相应的单击事件处理函数的功能为显示该<h3>元素的下一个同胞元素(即内容为相应的"Web 编程技术"的<div>元素)，并在其后添加一行减号"-"；同时调用 bind()方法为该<h3>元素绑定一个 mouseover 事件，而相应的 mouseover 事件处理函数的功能为在显示相应"Web 编程技术"内容的<div>元素后添加一

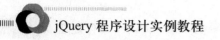

个内容为"OK！"的<p>元素。

(2) 单击"解绑事件"按钮，将调用 unbind()方法解绑内容为"Web 编程技术主要有哪些？"的<h3>元素的 mouseover 事件。此后，将鼠标指针移动到该<h3>元素上时，就不再执行相应的 mouseover 事件处理函数了。

4.3.3 事件的触发

为触发事件，可使用 trigger()方法或 triggerHandler()方法。其语法格式为：

```
trigger(eventName);
triggerHandler(eventName);
```

其中，参数 eventName 用于指定欲触发事件的名称。

例如，要触发 id 为"#btnOK"的元素的单击事件，代码如下：

```
$("#btnOK").trigger("click");
```

必要时，也可在触发事件的同时为事件传递参数。为此，只需在事件名的后面指定相应的参数值即可。其语法格式为：

```
trigger(eventName,[paramValue1, paramValue2, ...]);
triggerHandler(eventName,[paramValue1, paramValue2, ...]);
```

其中，paramValue1、paramValue2 等为相应的参数值。

例如，要触发 id 为"#btnOK"的元素的单击事件，并为其传递两个参数值"Hello"与"World"，代码如下：

```
$("#btnOK").trigger("click",["Hello","World"]);
```

为接收传递过来的参数值，相应的事件处理函数也必须添加有关参数。其基本格式为：

```
function(eventObject, param1, param2, ...){
    …
})
```

其中，eventObject 表示事件对象，param1、param2 等则为相应的参数。

💡 **注意：** 使用 trigger()方法或 triggerHandler()方法均可触发指定的事件，但前者会导致浏览器的同名默认行为被执行，而后者则不会。例如，若使用 trigger()触发 submit 事件，则会导致浏览器执行提交表单的操作。

【实例 4-5】如图 4-5(a)所示，为"事件触发示例"页面 Trigger.html，内含一个"央视网"链接与一个 OK 按钮。单击"触发链接的单击事件"按钮时，将打开如图 4-5(b)所示的"Welcome!"对话框；而单击"触发按钮的单击事件"按钮时，则打开如图 4-5(c)所示的"欢迎！欢迎！热烈欢迎！"对话框。

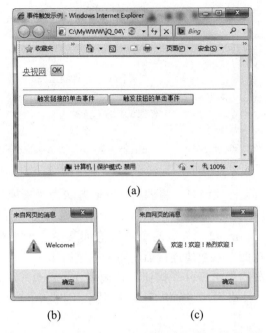

(a)

(b)　　　　　　　　　　(c)

图 4-5　"事件触发示例"页面与操作结果对话框

主要步骤：

(1)　在站点的 jQ_04 目录中新建一个 HTML 页面 Trigger.html。

(2)　编写页面 Trigger.html 的代码。

```html
<html>
<head>
<meta http-equiv="Content-Type" content="text/html; charset=utf-8">
<title>事件触发示例</title>
<script type="text/javascript" src="./jQuery/jquery.js"></script>
<script type="text/javascript">
$(document).ready(function(){
  $("#cctv,#ok").bind("click",function(event,msg1,msg2){
   if (msg1==null || msg2==null)
     alert("Welcome!");
   else
     alert(msg1+msg2);
  });
  $("#btnCCTV").click(function(){
    $("#cctv").trigger("click");
  });
  $("#btnOK").click(function(){
    $("#ok").trigger("click",["欢迎！欢迎！","热烈欢迎！"]);
  });
});
</script>
</head>
<body>
<div>
```

```
<a href="http://www.cctv.com" target="_blank" id="cctv">央视网</a>
<input type="button" name="ok" id="ok" value="OK">
</div>
<br>
<hr>
<button id="btnCCTV">触发链接的单击事件</button>
<button id="btnOK">触发按钮的单击事件</button>
</body>
</html>
```

代码解析：

(1) 在本实例中，当文档就绪时，将调用 bind()方法为"央视网"链接与 OK 按钮绑定一个单击事件，而相应的单击事件处理函数的功能为显示一个对话框。该处理函数可接收两个参数，即 msg1 与 msg2。若这两个参数值或其中之一为空，则对话框的内容为"Welcome!"，否则为这两个参数值连接后所得到的字符串。

(2) 单击"触发链接的单击事件"按钮，将调用 trigger()方法触发"央视网"链接的单击事件。由于没有为事件传递相应的参数，因此所显示的对话框的内容为"Welcome!"。

(3) 单击"触发按钮的单击事件"按钮，将调用 trigger()方法触发 OK 按钮的单击事件。由于为事件传递了两个参数值"欢迎！欢迎！"与"热烈欢迎！"，因此所显示的对话框的内容为"欢迎！欢迎！热烈欢迎！"。

(4) 在本实例中，trigger()方法也可用 triggerHandler()方法代替。

4.4 悬停操作的模拟

所谓悬停操作，是指将鼠标指针移动到一个对象上，然后又从该对象上移走。在 jQuery 中，可使用 hover()方法实现悬停操作的模拟。hover()方法的语法格式为：

```
hover(over,out);
```

其中，over 为当鼠标指针移动到匹配元素上时需执行的函数，而 out 则为当鼠标指针从匹配元素上移走时需执行的函数。

例如，以下代码可模拟针对 id 为"#btnOK"的元素的悬停操作，当鼠标指针移动到该元素上时为其应用类名为 abc 的样式，而当鼠标指针从该元素上移走时则移除所应用的类名为 abc 的样式。

```
$("#btnOK").hover(function(){
    $(this).addClass("abc");
    return true;
},function(){
    $(this).removeClass("abc");
    return true;
});
```

【实例 4-6】如图 4-6(a)所示，为"悬停操作模拟示例"页面 Hover.html，内含一个"央视网"链接与一个 OK 按钮。移动鼠标指针到该链接或按钮上时，可为其添加背景颜

色，同时将浏览器窗口状态栏上的提示信息设置为"注意"，如图 4-6(b)所示；反之，当
鼠标指针从该链接或按钮上移走时，可清除为其添加的背景颜色，同时将浏览器窗口状态
栏上的提示信息设置为"完成"。

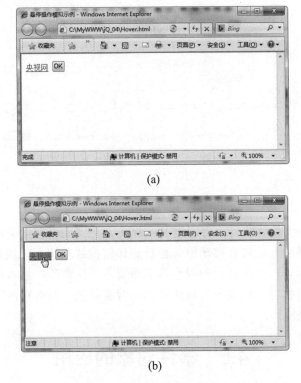

图 4-6　"悬停操作模拟示例"页面

主要步骤：

(1) 在站点的 jQ_04 目录中新建一个 HTML 页面 Hover.html。

(2) 编写页面 Hover.html 的代码。

```
<html>
<head>
<meta http-equiv="Content-Type" content="text/html; charset=utf-8">
<title>悬停操作模拟示例</title>
<style type="text/css">
.bg{
    background-color:#FF9966;
}
</style>
<script type="text/javascript" src="./jQuery/jquery.js"></script>
<script type="text/javascript">
$(document).ready(function(){
  $(".hover").hover(function(){
    $(this).addClass("bg");
    window.status="注意";
    return true;
```

```
},function(){
    $(this).removeClass("bg");
    window.status="完成";
    return true;
  });
});
</script>
</head>
<body>
<div>
<a href="http://www.cctv.com" target="_blank" id="cctv" class="hover">
   央视网</a>
<input type="button" name="ok" id="ok" value="OK" class="hover">
</div>
</body>
</html>
```

代码解析：

在本实例中，当文档就绪时，将调用 hover()方法为"央视网"链接与 OK 按钮绑定两个事件处理函数。其中，前者在移动鼠标指针到该链接或按钮上时执行，功能为添加背景颜色，同时将浏览器窗口状态栏上的提示信息设置为"注意"；后者则在将鼠标指针从该链接或按钮上移走时执行，功能为清除所添加的背景颜色，同时将浏览器窗口状态栏上的提示信息设置为"完成"。

4.5　事件对象的应用

所谓事件对象，可理解为与事件密切相关的一种数据对象。事件对象较为特殊，只能在事件处理函数中进行访问。一旦事件处理函数执行完毕，相应的事件对象就被销毁了。

4.5.1　事件对象的获取

在 jQuery 中，获取事件对象的方法非常简单，只需在事件处理函数中添加一个相应的参数即可。例如：

```
$("#btnOK").bind("click",function(event){
  …
})
```

在此，event 即为事件对象。

必要时，可利用事件对象的属性来获知与事件密切相关的一些信息。事件对象的常用属性如下。

- type：事件的类型。
- target：触发事件的元素。
- relatedTarget：与事件的目标节点相关的节点。对于 mouseover 事件来说，是鼠标指针移到目标节点上时所离开的那个节点；对于 mouseout 事件来说，是离开目标时鼠标指针进入的节点；对于其他类型的事件来说，该属性是没有用的。

- pageX：光标或鼠标指针相对于页面的 x 坐标。
- pageY：光标或鼠标指针相对于页面的 y 坐标。
- which：当前所按下的鼠标按键或键盘按键的代码。

事件对象属性的访问格式为：

```
event.property
```

其中，event 为事件对象名，property 则为相应的属性名。

例如：

```
$("a").click(function(event){
    alert(event.type);        //显示事件类型
    return false;             //阻止超链接跳转
})
```

在此，为\<a>元素(即超链接元素)绑定单击事件处理函数。在该事件处理函数中，获取了事件对象 event，并访问事件对象的 type 属性以获取事件的类型。执行以上代码后，再单击页面中的超链接，将显示一个内容为 "click" 的对话框。

再如：

```
$("a").mousedown(function(event){
    alert(event.which);
    return false;
})
$("input").keyup(function(event){
    alert(event.which);
})
```

在此，分别为\<a>元素与\<input>元素绑定 mousedown 事件处理函数与 keyup 事件处理函数。其中，前者的功能为显示当前所按下的鼠标按键代码(1 表示鼠标左键，2 表示鼠标中间键，3 表示鼠标右键)，而后者的功能则为显示当前所按下的键盘按键代码。

【实例 4-7】如图 4-7(a)所示，为 "事件对象应用示例" 页面 EventObject.html，内含一个内容为 "Hello,World!" 的\<div>元素。当移动鼠标至该\<div>元素时，将打开如图 4-7(b)所示的对话框以显示事件的类型与当前鼠标的坐标位置。

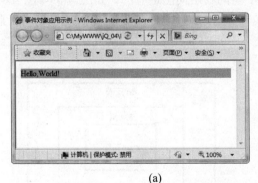

|(a)|(b)|

图 4-7　"事件对象应用示例" 页面与操作结果对话框

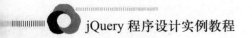
主要步骤：

(1) 在站点的 jQ_04 目录中新建一个 HTML 页面 EventObject.html。

(2) 编写页面 EventObject.html 的代码。

```html
<html>
<head>
<meta http-equiv="Content-Type" content="text/html; charset=utf-8">
<title>事件对象应用示例</title>
<style type="text/css">
#test {
    background-color: #FF9966;
}
</style>
<script type="text/javascript" src="./jQuery/jquery.js"></script>
<script type="text/javascript">
$(document).ready(function(){
    $("#test").mouseover(function(event){
        alert("当前事件的类型是："+event.type+"\r\n当前鼠标的位置是：
            "+event.pageX+", "+event.pageY);
    })
});
</script>
</head>
<body>
<div id="test">Hello,World!</div>
</body>
</html>
```

4.5.2 事件冒泡的阻止

对于事件的处理，DOM 标准规定应同时使用事件捕获与事件冒泡这两个事件模型。首先事件要从 DOM 树顶层的元素到底层的元素进行捕获，然后通过事件冒泡返回到 DOM 树的顶层。对于事件捕获模型来说，事件的响应是从 DOM 树的顶层向下进行的；而对于事件冒泡模型来说，事件的响应则是从 DOM 树的底层向上进行的。如图 4-8 与图 4-9 所示，分别为事件捕获与事件冒泡模型的事件响应顺序示意图。在图中，外层的 div 元素为顶层元素，内层的 span 元素为底层元素，处于中间的 p 元素则为 div 元素的子元素与 span 元素的父元素。

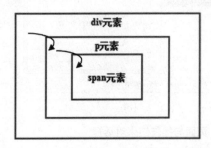

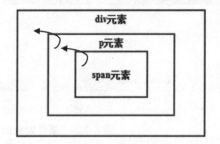

图 4-8　事件捕获模型的事件响应顺序示意图　　图 4-9　事件冒泡模型的事件响应顺序示意图

在标准事件模型中，事件处理程序既可以注册到事件捕获阶段，也可以注册到事件冒泡阶段。不过，并非所有的浏览器都支持标准的事件模型，而且大部分浏览器都默认将事件注册在事件冒泡阶段。对于 jQuery 而言，则始终在事件冒泡阶段注册事件处理程序。

事件冒泡往往会导致一些令人头疼的问题，因此在必要时应能阻止事件的冒泡。在 jQuery 中，只需调用事件对象的 stopPropagation()方法，即可轻易地阻止事件的冒泡。

说明： stopPropagation()方法只能阻止事件冒泡，相当于在传统的 JavaScript 中通过将原始的 event 事件对象的 cancelBubble 属性设置为 true(即 event.cancelBubble=true)来取消冒泡。

【实例 4-8】如图 4-10(a)所示，为"事件对象应用示例"页面 EventObject1.html，内含一个<div>元素，其子元素为<p>元素，而<p>元素的子元素则为<span>元素。移动鼠标至<div>元素时，可为该元素添加红色边框，如图 4-10(b)所示。移动鼠标至<p>元素时，可为该元素添加红色边框，如图 4-10(c)所示。移动鼠标至<span>元素时，可为该元素添加红色边框，如图 4-10(d)所示。

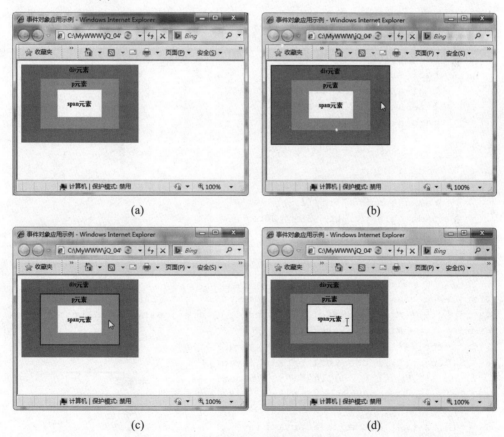

(a)   (b)

(c)   (d)

图 4-10　"事件对象应用示例"页面

主要步骤：

(1) 在站点的 jQ_04 目录中新建一个 HTML 页面 EventObject1.html。

(2) 编写页面 EventObject1.html 的代码。

```html
<!DOCTYPE HTML PUBLIC "-//W3C//DTD HTML 4.01 Transitional//EN"
"http://www.w3.org/TR/html4/loose.dtd">
<html>
<head>
<meta http-equiv="Content-Type" content="text/html; charset=utf-8">
<title>事件对象应用示例</title>
<style type="text/css">
    .redBorder{
       border:2px solid red;
    }
    .test1{
        width:240px;
        height:150px;
        background-color:#3593B9;
        text-align:center;
        padding:3px 0px;
    }
    .test2{
        width:160px;
        height:100px;
        background-color:#57BAE7;
        text-align:center;
        line-height:20px;
        margin:10px auto;
    }
    .test3{
        width:100px;
        height:35px;
        background-color:#fff;
        padding:20px 20px 20px 20px;
    }
    body{
        font-size:12px;
    }
</style>
<script type="text/javascript" src="./jQuery/jquery.js"></script>
<script type="text/javascript">
$(document).ready(function(){
    $(".test1").mouseover(function(event){
        $(".test1").addClass("redBorder");
        event.stopPropagation();        //阻止事件冒泡
    });
    $(".test1").mouseout(function(event){
        $(".test1").removeClass("redBorder");
    });
    $(".test2").mouseover(function(event){
        $(".test2").addClass("redBorder");
        event.stopPropagation();        //阻止事件冒泡
```

```
    });
    $(".test2").mouseout(function(event){
        $(".test2").removeClass("redBorder");
    });
    $(".test3").mouseover(function(event){
        $(".test3").addClass("redBorder");
        event.stopPropagation();      //阻止事件冒泡
    });
    $(".test3").mouseout(function(event){
        $(".test3").removeClass("redBorder");
    });
});
</script>
</head>
<body>
<div class="test1">
    <b>div 元素</b>
    <p class="test2">
        <b>p 元素</b><br/><br/>
        <span class="test3"><b>span 元素</b></span>
    </p>
</div>
</body>
</html>
```

代码解析：

若将“event.stopPropagation();”注释掉，则无法阻止事件冒泡。在这种情况下，移动鼠标至<div>元素时，可为该元素添加红色边框，如图 4-11(a)所示；移动鼠标至<p>元素时，可为该元素及其上层的<div>元素添加红色边框，如图 4-11(b)所示；移动鼠标至<span>元素时，可为该元素及其上层的<p>元素与<div>元素添加红色边框，如图 4-11(c)所示。

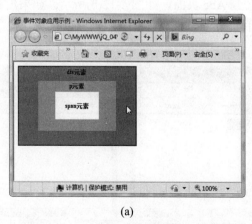

(a)

图 4-11　"事件对象应用示例"页面

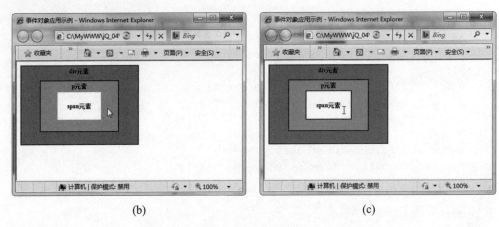

(b)   (c)

图 4-11　"事件对象应用示例"页面(续)

4.5.3　默认行为的阻止

页面中的元素有其自己的默认行为，而元素的默认行为其实就是浏览器的默认行为或默认操作。例如，在单击表单的提交按钮后，即使表单中的某些内容没有通过验证，但是表单还是会提交。在这种情况下，如果要阻止表单的提交，就需要阻止浏览器的默认行为。

在 jQuery 中，只需调用事件对象的 preventDefault()方法，即可轻易地实现浏览器的默认行为的阻止。

提示：　如果要同时阻止事件的冒泡与浏览器的默认行为，可以在事件处理程序中返回 false，即执行"return false;"语句。该语句其实是同时调用 stopPropagation()与 preventDefault()方法的一种简要写法。

【实例 4-9】如图 4-12(a)所示，为"事件对象应用示例"页面 EventObject2.html，内含一个"用户名"文本框与一个"提交"按钮。输入某个用户名后，再单击"提交"按钮，则可提交表单并跳转到 Abc 页面，如图 4-12(b)所示。如果没有输入用户名而直接单击"提交"按钮，则会显示如图 4-12(c)所示的"用户名不能为空！"对话框，而不能提交表单并跳转到 Abc 页面。

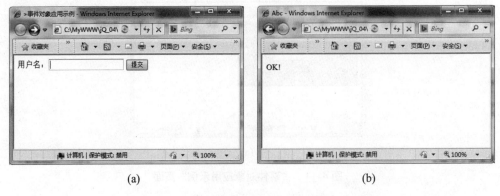

(a)   (b)

图 4-12　"事件对象应用示例"页面及其操作结果

(c)

图 4-12　"事件对象应用示例"页面及其操作结果(续)

主要步骤：

(1)　在站点的 jQ_04 目录中新建一个 HTML 页面 EventObject2.html。

(2)　编写页面 EventObject2.html 的代码。

```
<!DOCTYPE HTML PUBLIC "-//W3C//DTD HTML 4.01 Transitional//EN"
"http://www.w3.org/TR/html4/loose.dtd">
<html>
<head>
<meta http-equiv="Content-Type" content="text/html; charset=UTF-8">
<title>>事件对象应用示例</title>
<script type="text/javascript" src="./jQuery/jquery.js"></script>
<script type="text/javascript">
$(document).ready(function(){
  $("#submit").bind("click",function(event){
    var username = $("#username").val();
    if(username == ""){
      alert("用户名不能为空! ");
      $("#username").focus();
      event.preventDefault();
    }
  })
});
</script>
</head>
<body>
<form action="abc.html" method="post">
 用户名：<input name="username" type="text" id="username" />
  <input name="submit" type="submit" id="submit" value="提交" />
</form>
</body>
</html>
```

(3)　在站点的 jQ_04 目录中新建一个 HTML 页面 Abc.html。

(4)　编写页面 Abc.html 的代码。

```
<!DOCTYPE html PUBLIC "-//W3C//DTD HTML 4.01 Transitional//EN"
"http://www.w3.org/TR/html4/loose.dtd">
<html>
<head>
<meta http-equiv="Content-Type" content="text/html; charset=UTF-8">
<title>Abc</title>
```

```
</head>
<body>
<p>OK!</p>
</body>
</html>
```

代码解析：

(1) 在本实例中，"event.preventDefault();"语句用于阻止表单提交的默认行为。在此，该语句也可用"return false;"语句代替，以便同时阻止浏览器的默认行为与事件的冒泡。

(2) 若将"event.preventDefault();"语句注释掉，则在没有输入用户名而直接单击"提交"按钮时，会显示如图 4-12(c)所示的"用户名不能为空！"对话框，待单击该对话框中的"确定"按钮后，仍会提交表单并跳转到如图 4-12(b)所示的 Abc 页面。究其原因，是因为没有阻止在浏览器中单击"提交"按钮所导致的提交表单的默认行为。

【实例 4-10】如图 4-13(a)所示，为"事件对象应用示例"页面 EventObject3.html，内含一个"央视网"链接。单击该链接，将显示如图 4-13(b)所示的"Welcome to CCTV!"对话框，而不会打开"央视网"的主页面。

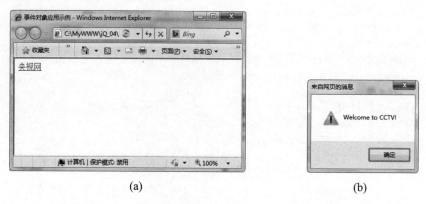

(a)   (b)

图 4-13 "事件对象应用示例"页面与操作结果对话框

主要步骤：

(1) 在站点的 jQ_04 目录中新建一个 HTML 页面 EventObject3.html。

(2) 编写页面 EventObject3.html 的代码。

```
<!DOCTYPE HTML PUBLIC "-//W3C//DTD HTML 4.01 Transitional//EN"
"http://www.w3.org/TR/html4/loose.dtd">
<html>
<head>
<meta http-equiv="Content-Type" content="text/html; charset=utf-8">
<title>事件对象应用示例</title>
<script type="text/javascript" src="./jQuery/jquery.js"></script>
<script type="text/javascript">
$(document).ready(function(){
  $("#cctv").bind("click",function(event){
    alert("Welcome to CCTV!");
    event.preventDefault();
```

```
  })
});
</script>
</head>
<body>
<div>
<a href="http://www.cctv.com" target="_blank" id="cctv">央视网</a>
</div>
</body>
</html>
```

代码解析：

(1) 在本实例中，"event.preventDefault();"语句用于阻止链接跳转的默认行为。在此，该语句也可用"return false;"语句代替，以便同时阻止浏览器的默认行为与事件的冒泡。

(2) 若将"event.preventDefault();"注释掉，则在单击"央视网"链接时，将显示如图 4-13(b)所示的"Welcome to CCTV!"对话框，待单击该对话框中的"确定"按钮后，将在一个新的浏览器窗口中打开"央视网"的主页面。究其原因，是因为没有阻止在浏览器中单击链接所导致的页面跳转的默认行为。

4.6　动画效果的实现

在 jQuery 中，通过利用有关的事件并调用相关的方法，可以实现各种不同的动画效果，包括显示隐藏效果、淡入淡出效果、滑上滑下效果以及变化多端的自定义动画效果。

4.6.1　显示隐藏效果

显示隐藏效果既可以通过控制元素的隐藏与显示来实现，也可以通过切换元素的可见状态来实现。

1. 隐藏元素

为隐藏所匹配的元素，可以调用 hide()方法。其语法格式为：

```
hide([speed[,callback]])
```

该方法可以不带任何参数进行调用，以直接隐藏所匹配的元素(不带任何效果)；另外，也可以带参数进行调用，以便在隐藏元素时添加一定的动画效果。其中，可选参数 speed 用于指定完全隐藏元素所需要的时间(也就是动画的时长)，可以是数字(以毫秒为单位)，也可以是"slow"(表示 600 毫秒)、"normal"(默认值，表示 400 毫秒)与"fast"(表示 200 毫秒)；可选参数 callback 用于指定隐藏完成后所要触发的回调函数。

例如，为隐藏页面中的图像，可使用以下语句之一：

```
$("img").hide();
$("img").hide(300);
$("img").hide("slow");
```

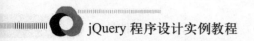

💡 **注意:** 在指定时间时,若使用 slow、normal 或 fast,要为其加上双引号或单引号。

2. 显示元素

为显示所匹配的元素,可以调用 show()方法。其语法格式为:

```
show([speed[,callback]])
```

该方法可以不带任何参数进行调用,以直接显示所匹配的元素(不带任何效果);另外,也可以带参数进行调用,以便在显示元素时添加一定的动画效果。其中,可选参数 speed 用于指定完全显示元素所需要的时间(也就是动画的时长),其用法与 hide()方法的 speed 参数相同;可选参数 callback 用于指定显示完成后所要触发的回调函数。

例如,为显示页面中的图像,可使用以下语句之一:

```
$("img").show();
$("img").show(300);
$("img").show("slow");
```

【实例 4-11】如图 4-14(a)所示,为"菜单示例"页面 Menu1.html,内含一个"菜单"小图片。移动鼠标指针至该小图片,将自动显示一个菜单,如图 4-14(b)所示。当移动鼠标指针离开该菜单时,该菜单会自动隐藏。

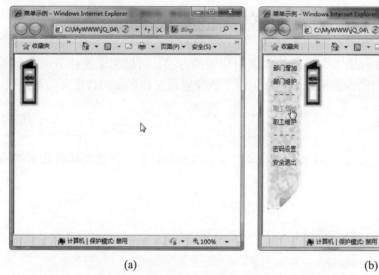

(a)

(b)

图 4-14 "菜单示例"页面

主要步骤:

(1) 将"菜单"小图片文件 LuMenu.jpg 与菜单背景图片 LuMenuBg.jpg 置于站点的 jQ_04 目录的子目录 images 中。

(2) 在站点的 jQ_04 目录中新建一个 HTML 页面 Menu1.html。

(3) 编写页面 Menu1.html 的代码。

```
<!DOCTYPE HTML PUBLIC "-//W3C//DTD HTML 4.01 Transitional//EN"
"http://www.w3.org/TR/html4/loose.dtd">
<html>
```

```
<head>
<meta http-equiv="Content-Type" content="text/html; charset=utf-8">
<title>菜单示例</title>
<style type="text/css">
ul{
    font-size:12px;
    list-style:none;           /*不显示项目符号*/
    margin:0px;                /*设置外边距*/
    padding:0px;               /*设置内边距*/
}
li{
    padding:6px;               /*设置内边距*/
}
a{
    color:#000;                /*设置文字的颜色*/
    text-decoration:none;      /*不显示下划线*/
}
a:hover{
    color:#F90;                /*设置文字的颜色*/
}
#menu{
    float:left;                /*浮动在左侧*/
    text-align:center;         /*文字水平居中显示*/
    width:72px;                /*设置宽度*/
    height:305px;              /*设置高度*/
    padding-top:6px;           /*设置顶部内边距*/
    display:none;              /*显示状态为不显示*/
    background-image:url(images/LuMenuBg.jpg);  /*设置背景图片*/
    background-repeat:no-repeat;
}
</style>
<script type="text/javascript" src="./jQuery/jquery.js"></script>
<script type="text/javascript">
$(document).ready(function(){
  $("#menuflag").mouseover(function(){
    if($("#menu").is(':hidden')){   //判断菜单是否为隐藏状态
      $("#menu").show(300);          //若为隐藏状态，则显示菜单
    }
  });
  $("#menu").hover(null,function(){
    $("#menu").hide(300);            //隐藏菜单
  });
});
</script>
</head>
<body>
<div id="menu">
<ul>
    <li><a href="#">部门增加</a></li>
    <li><a href="#">部门维护</a></li>
```

```
    <li>————</li>
    <li><a href="#">职工增加</a></li>
    <li><a href="#">职工维护</a></li>
    <li>————</li>
    <li><a href="#">密码设置</a></li>
    <li><a href="#">安全退出</a></li>
</ul>
</div>
<img src="images/LuMenu.jpg" alt="menu" name="menuflag" id="menuflag">
</body>
</html>
```

3. 切换元素的可见状态

所谓切换元素的可见状态,就是如果元素是可见的,就切换为非可见(即隐藏状态);如果元素是非可见的,就切换为可见(即显示状态)。可见,通过切换元素的可见状态,也可实现元素的显示隐藏效果。

为切换元素的可见状态,可调用 toggle()方法。其语法格式为:

```
toggle()
```

【实例 4-12】如图 4-15(a)所示,为"菜单示例"页面 Menu2.html,内含一个"菜单"小图片。单击该小图片,将自动显示一个菜单,如图 4-15(b)所示。若再次单击该小图片,则该菜单会自动隐藏。

(a)

(b)

图 4-15　"菜单示例"页面

主要步骤:

(1) 在站点的 jQ_04 目录中将页面 Menu1.html 复制为 Menu2.html。

(2) 修改页面 Menu2.html 中的 jQuery 代码。

```
<script type="text/javascript">
$(document).ready(function(){
```

```
  $("#menuflag").click(function(){
    $("#menu").toggle();        //切换显示状态
  });
});
</script>
```

4.6.2　淡入淡出效果

为实现元素的淡入淡出效果,可根据需要调用 fadeIn()、fadeOut()与 fadeTo()方法。其中,fadeIn()方法用于通过增大不透明度的方式实现匹配元素的淡入效果,fadeOut()方法用于通过减小不透明度的方式实现匹配元素的淡出效果,而 fadeTo()方法则用于将匹配元素的不透明度按指定的时间调整到指定的程度。各方法的语法格式为:

```
fadeIn(speed[,callback])
fadeOut(speed[,callback])
fadeTo(speed,opacity[,callback])
```

其中,参数 speed 用于指定所需要的时间(也就是动画的时长),其用法与 hide()方法的 speed 参数相同;参数 opacity 用于指定不透明度,其值为 0~1 之间的数字(0 表示完全透明,1 表示完全不透明,数值越小图片的可见性就越差,反之就越好);可选参数 callback 用于指定完成后所要触发的回调函数。

【实例 4-13】如图 4-16(a)所示,为"菜单示例"页面 Menu3.html,内含一个"菜单"小图片。移动鼠标指针至该小图片,将以淡入的方式自动显示一个菜单,如图 4-16(b)所示。当移动鼠标指针离开该菜单时,该菜单会以淡出的方式自动隐藏。

(a)

(b)

图 4-16　"菜单示例"页面

主要步骤:

(1)　在站点的 jQ_04 目录中将页面 Menu1.html 复制为 Menu3.html。

(2)　修改页面 Menu3.html 中的 jQuery 代码。

```
<script type="text/javascript">
$(document).ready(function(){
  $("#menuflag").mouseover(function(){
    if($("#menu").is(':hidden')){       //判断菜单是否为隐藏状态
      $("#menu").fadeIn(1000);          //淡入效果
    }
  });
  $("#menu").hover(null,function(){
    $("#menu").fadeOut(1000);           //淡出效果
  });
});
</script>
```

4.6.3 滑上滑下效果

为实现元素的滑上滑下效果，可根据需要调用 slideUp()、slideDown()与 slideToggle()方法。其中，slideUp()方法用于通过向上减少元素高度的方式实现匹配元素的滑动隐藏效果，slideDown()方法用于通过向下增加元素高度的方式实现匹配元素的滑动显示效果，而slideToggle()方法则用于通过增减元素高度的方式实现匹配元素可见性的滑动切换。各方法的语法格式为：

```
slideDown(speed[,callback])
slideUp(speed[,callback])
slideToggle(speed[,callback])
```

其中，参数 speed 用于指定所需要的时间(也就是动画的时长)，其用法与 hide()方法的 speed 参数相同；可选参数 callback 用于指定完成后所要触发的回调函数。

【实例 4-14】如图 4-17(a)所示，为"菜单示例"页面 Menu4.html，内含一个"菜单"小图片。移动鼠标指针至该小图片，将以下滑的方式自动显示一个菜单，如图 4-17(b)所示。当移动鼠标指针离开该菜单时，该菜单会以上滑的方式自动隐藏。

(a)   (b)

图 4-17   "菜单示例"页面

主要步骤：

(1)　在站点的 jQ_04 目录中将页面 Menu1.html 复制为 Menu4.html。

(2)　修改页面 Menu4.html 中的 jQuery 代码。

```
<script type="text/javascript">
$(document).ready(function(){
  $("#menuflag").mouseover(function(){
    if($("#menu").is(':hidden')){
      $("#menu").slideDown("slow");
    }
  });
  $("#menu").hover(null,function(){
    $("#menu").slideUp("slow");
  });
});
</script>
```

4.6.4　自定义动画效果

除了显示隐藏、淡入淡出、滑上滑下等动画效果以外，还可以根据需要自行实现相应的动画效果，即自定义动画效果。

1. 创建自定义动画

为创建自定义动画，可使用 animate()方法。该方法的使用较为灵活，可随意控制元素的 CSS 样式属性使其从一个状态改变为另一个状态，从而实现更加绚丽多变的动画效果。其语法格式为：

```
animate(styles[,speed][,callback])
```

其中，参数 styles 用于指定借以产生动画效果的 CSS 样式(可同时包含多个属性及其数字值)，如{fontSize:'100px'}、{left:"200px",top:"100px"}等；可选参数 speed 用于指定所需要的时间(也就是动画的时长)，其用法与 hide()方法的 speed 参数相同；可选参数 callback 用于指定完成后所要触发的回调函数。

必要时，连续多次调用 animate()方法，这样就可以创建多个动画，从而构成一个动画序列。

注意：　在指定 CSS 样式时，只能使用 DOM 名称(如 fontSize)进行设置，而非 CSS 名称(如 font-size)。另外，只有使用数字型的属性值方可创建动画(如 {fontSize:'100px'})，而使用字符串型的属性值是无法创建动画的(如 {background-color: "red"})。

提示：　必要时，可在属性值前使用 "+=" 或 "-=" 来创建相对动画，即让元素的有关属性在当前值的基础上再增加或减少指定的值。

注意：　只有将元素的定位属性 position 设置为 relative 或 absolute，才能让使用 animate()方法为其创建的动画有效，即让元素动起来。在没有明确设置元素的定位属性时，试图使用 animate()方法移动元素是行不通的，即元素依然会静止不动。

【实例 4-15】如图 4-18(a)所示，为"自定义动画示例"页面 Animate1.html，内含一个小图片与一个"启动动画"按钮。单击"启动动画"按钮后，小图片将自动向右下角方向移动一定的距离，然后向上移动到页面顶部，接着向左下角方向移动一定的距离，最后再向上移动到原来的位置，如图 4-18(b)所示。

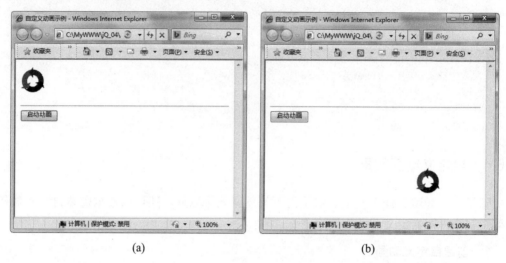

(a)   (b)

图 4-18   "自定义动画示例"页面

主要步骤：

(1) 将图片文件 ok.jpg 置于站点的 jQ_04 目录的子目录 images 中。

(2) 在站点的 jQ_04 目录中新建一个 HTML 页面 Animate1.html。

(3) 编写页面 Animate1.html 的代码。

```html
<html>
<head>
<meta http-equiv="Content-Type" content="text/html; charset=utf-8">
<title>自定义动画示例</title>
<style type="text/css">
#ok{
    position:relative;
}
</style>
<script type="text/javascript" src="./jQuery/jquery.js"></script>
<script type="text/javascript">
$(document).ready(function(){
  $("#btnOK").click(function(){
    $("#ok").animate({left:300,top:200},1000)
    .animate({left:300,top:0},1000)
    .animate({left:0,top:200},1000)
    .animate({left:0,top:0},1000);
  });
```

```
});
</script>
</head>
<body>
<div id="ok"><img src="images/ok.jpg" width="50" height="50"></div>
<br>
<hr>
<button id="btnOK">启动动画</button>
</body>
</html>
```

2. 停止自定义动画

对于正在运行的动画，必要时可立即停止。为此，需调用 stop()方法。其语法格式为：

```
stop(clearQueue,gotoEnd)
```

该方法的功能是停止匹配元素正在运行的动画，并立即执行动画序列中的下一个动画。其中，参数 clearQueue 用于指定是否清空尚未执行完的动画序列，其值为 true 时清空动画序列，反之则不清空；参数 gotoEnd 用于指定是否让正在执行的动画直接到达动画结束时的状态，其值为 true 时直接到达动画结束时的状态，反之则不能直接到达。

💡 **注意：** 将参数 gotoEnd 设置为 true，只能直接到达正在执行的动画的最终状态，并不能到达动画序列所设置的动画的最终状态。

【**实例 4-16**】如图 4-19(a)所示，为"自定义动画示例"页面 Animate2.html，内含一个小图片与两个按钮。单击"启动动画"按钮后，小图片将自动向右下角方向移动一定的距离，然后向上移动到页面顶部，接着向左下角方向移动一定的距离，最后再向上移动到原来的位置。在此过程中，若单击"停止动画"按钮，则可立即停止动画的执行，如图 4-19(b)所示。

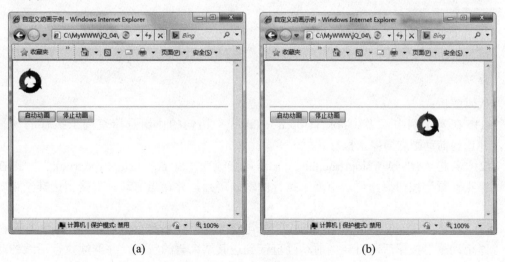

(a)   (b)

图 4-19　"自定义动画示例"页面

主要步骤：

(1) 在站点的 jQ_04 目录中新建一个 HTML 页面 Animate2.html。

(2) 编写页面 Animate2.html 的代码。

```html
<html>
<head>
<meta http-equiv="Content-Type" content="text/html; charset=utf-8">
<title>自定义动画示例</title>
<style type="text/css">
#ok{
    position:relative;
}
</style>
<script type="text/javascript" src="./jQuery/jquery.js"></script>
<script type="text/javascript">
$(document).ready(function(){
  $("#btnOK").click(function(){
    $("#ok").animate({left:300,top:200},1000)
    .animate({left:300,top:0},1000)
    .animate({left:0,top:200},1000)
    .animate({left:0,top:0},1000);
  });
  $("#btnStop").click(function(){
    $("#ok").stop(true,false);
  });
});
</script>
</head>
<body>
<div id="ok"><img src="images/ok.jpg" width="50" height="50"></div>
<br>
<hr>
<button id="btnOK">启动动画</button>
<button id="btnStop">停止动画</button>
</body>
</html>
```

代码解析：

(1) 在本实例中，"$("#ok").stop(true,false);"语句的作用是清空尚未执行的动画序列，并让当前动画立即停止执行。

(2) 若将"$("#ok").stop(true,false);"语句修改为"$("#ok").stop(true,true);"，则在单击"停止动画"按钮后，可清空尚未执行的动画序列，并让当前动画直接到达其结束时的状态。

(3) 若将"$("#ok").stop(true,false);"语句修改为"$("#ok").stop(false,true);"，则在单击"停止动画"按钮后，可让当前动画直接到达其结束时的状态，并继续执行后续的动画序列。

(4) 若将"$("#ok").stop(true,false);"语句修改为"$("#ok").stop(false,false);"，则在单

击"停止动画"按钮后，可让当前动画立即停止执行，并继续执行后续的动画序列。

3．延迟动画的执行

必要时，可适当延迟动画的执行。为此，可调用 delay()方法。其语法格式为：

```
delay(time)
```

其中，参数 time 用于指定需要延迟的时间(以毫秒为单位)。

【实例 4-17】如图 4-20(a)所示，为"自定义动画示例"页面 Animate3.html，内含一个小图片与两个按钮。单击"启动动画"按钮后，小图片将自动向右下角方向移动一定的距离，待停顿 1 分钟后，再向上移动到页面顶部，然后又停顿 1 分钟，再向左下角方向移动一定的距离，最后又停顿 1 分钟，再向上移动到原来的位置。在此过程中，若单击"停止动画"按钮，则可立即停止动画的执行，如图 4-20(b)所示。

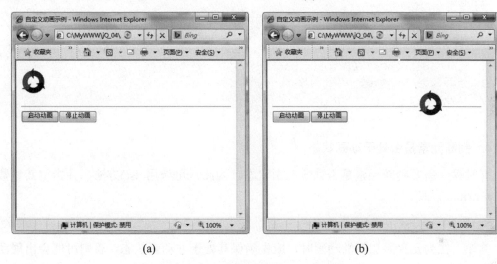

(a)　　　　　　　　　　　　　　　(b)

图 4-20　"自定义动画示例"页面

主要步骤：

(1) 在站点的 jQ_04 目录中新建一个 HTML 页面 Animate3.html。

(2) 编写页面 Animate3.html 的代码。

```
<html>
<head>
<meta http-equiv="Content-Type" content="text/html; charset=utf-8">
<title>自定义动画示例</title>
<style type="text/css">
#ok{
    position:relative;
}
</style>
<script type="text/javascript" src="./jQuery/jquery.js"></script>
<script type="text/javascript">
$(document).ready(function(){
  $("#btnOK").click(function(){
```

```
    $("#ok").animate({left:300,top:200},1000)
    .delay(1000)
    .animate({left:300,top:0},1000)
    .delay(1000)
    .animate({left:0,top:200},1000)
    .delay(1000)
    .animate({left:0,top:0},1000);
  });
  $("#btnStop").click(function(){
    $("#ok").stop(true,false);   //清空尚未执行的动画序列，且当前动画立即停止执行
  });
});
</script>
</head>
<body>
<div id="ok"><img src="images/ok.jpg" width="50" height="50"></div>
<br>
<hr>
<button id="btnOK">启动动画</button>
<button id="btnStop">停止动画</button>
</body>
</html>
```

4．判断元素是否处于动画状态

有时候，需要判断元素是否处于动画状态。为此，可调用 is()方法，并指定其参数值为":animated"。即：

```
is(":animated")
```

例如，在为元素添加新的动画时，应先确保其处于非动画状态，否则可能会出现动画累积等问题。参考代码如下：

```
if(!$(selector).is(":animated")){   //判断元素是否处于动画状态
    $(selector).animate(…);   //若为非动画状态，则添加新的动画
    …
}
```

其中，selector 为某个选择符。

4.7　表格操作的实现

在各类实际应用中，表格的使用是十分常见的。在 jQuery 中，通过利用有关的事件并调用相关的方法，可以很方便地实现各种相当实用的表格操作，如选中行的标示、表格的伸缩显示与表格内容的筛选等。

4.7.1　选中行的标示

对于表格中的选中行，通常以高亮的方式显示，以实现便于识别的效果，这就是通常

所说的选中行标示问题。

选中行的标示可通过不同的方式实现，其中最基本的方法就是先定义相应的高亮显示样式，然后对被选中的行应用该样式，而对未被选中的行清除该样式。

【实例 4-18】如图 4-21(a)所示，为"表格操作示例"页面 Table1.html，内含一个成绩表。单击成绩表中的某一数据行，即可显示粉红色底纹，如图 4-21(b)所示。

 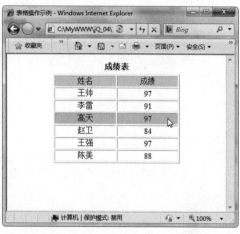

(a)   (b)

图 4-21 "表格操作示例"页面

主要步骤：

(1) 在站点的 jQ_04 目录中新建一个 HTML 页面 Table1.html。

(2) 编写页面 Table1.html 的代码。

```html
<html>
<head>
<meta http-equiv="Content-Type" content="text/html; charset=utf-8">
<title>表格操作示例</title>
<style type="text/css">
.selected{
    background:pink;
}
</style>
<script type="text/javascript" src="./jQuery/jquery.js"></script>
<script type="text/javascript">
$(document).ready(function(){
  $("tbody>tr").click(function(){
    //使鼠标单击的行高亮显示，并且清除其兄弟元素的高亮显示
    $(this).addClass("selected").siblings().removeClass("selected");
  })
});
</script>
</head>
<body>
<table width="260" border="1" align="center">
```

```
<caption><strong>成绩表</strong></caption>
<thead align="center" valign="bottom">
  <tr bgcolor="#D6D6D6">
  <td>姓名</td>
  <td>成绩</td>
</tr>
</thead>
<tbody align="center">
<tr>
  <td>王帅</td>
  <td>97</td>
</tr>
<tr>
  <td>李雷</td>
  <td>91</td>
</tr>
<tr>
  <td>高天</td>
  <td>97</td>
</tr>
<tr>
  <td>赵卫</td>
  <td>84</td>
</tr>
<tr>
  <td>王强</td>
  <td>97</td>
</tr>
<tr>
  <td>陈美</td>
  <td>88</td>
</tr>
</tbody>
</table>
</body>
</html>
```

4.7.2　表格的伸缩显示

表格中的数据行，有时是按类别进行分组或组织的。为方便起见，往往需要对各类数据进行展开查看或折叠隐藏，这就是通常所说的表格的伸缩显示问题。

表格的伸缩显示需要综合利用多种技术来实现，同时对于表格本身的设计也需要一定的技巧，以使其具备一定的规律性。

【实例 4-19】如图 4-22(a)所示，为"表格操作示例"页面 Table2.html，内含一个按班级组织的成绩表。单击成绩表中的某一班级名称行，即可折叠或展开属于该班级的成绩数据行，如图 4-22(b)所示。

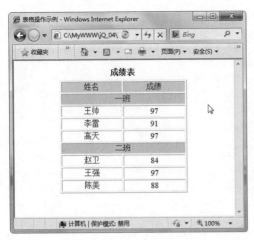
(a)

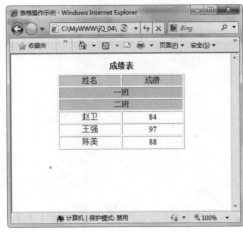
(b)

图 4-22　"表格操作示例"页面

主要步骤：

(1)　在站点的 jQ_04 目录中新建一个 HTML 页面 Table2.html。

(2)　编写页面 Table2.html 的代码。

```html
<html>
<head>
<meta http-equiv="Content-Type" content="text/html; charset=utf-8">
<title>表格操作示例</title>
<style type="text/css">
.type{
    background-color:lightblue;
    text-align:center;
}
.selected{
    background:pink;
}
</style>
<script type="text/javascript" src="./jQuery/jquery.js"></script>
<script type="text/javascript">
$(document).ready(function(){
  $("tr.type").click(function(){
    //对当前班级行应用或取消 CSS 类，然后获取该班级下的成绩行，并切换其可见性
    $(this).toggleClass("selected").siblings(".row_"+this.id).toggle();
  })
});
</script>
</head>
<body>
<table width="260" border="1" align="center">
  <caption><strong>成绩表</strong></caption>
  <thead align="center" valign="bottom">
    <tr bgcolor="#D6D6D6">
```

```
    <td>姓名</td>
    <td>成绩</td>
  </tr>
  </thead>
  <tbody align="center">
  <tr class="type" id="type1">
    <td colspan="2">一班</td>
  </tr>
  <tr class="row_type1">
    <td>王帅</td>
    <td>97</td>
  </tr>
  <tr class="row_type1">
    <td>李雷</td>
    <td>91</td>
  </tr>
  <tr class="row_type1">
    <td>高天</td>
    <td>97</td>
  </tr>
  <tr class="type" id="type2">
    <td colspan="2">二班</td>
  </tr>
  <tr class="row_type2">
    <td>赵卫</td>
    <td>84</td>
  </tr>
  <tr class="row_type2">
    <td>王强</td>
    <td>97</td>
  </tr>
  <tr class="row_type2">
    <td>陈美</td>
    <td>88</td>
  </tr>
  </tbody>
</table>
</body>
</html>
```

代码解析：

在本实例中，表格的<tr>元素的属性设置非常关键。对于班级行，设置了"class="type""，同时设置了相应的 id 属性。而其下的成绩行，则只设置了 class 属性，且该属性的值以"row_"开头，后跟相应班级行的 id 值。如此设计，是为了便于获取各个班级的成绩行，进而实现其折叠与展开效果。

4.7.3　表格内容的筛选

表格内容的筛选属于数据的查询问题，也就是将表格中不符合指定条件的数据行暂时隐藏，而只显示符合指定条件的数据行。在 jQuery 中，表格内容的筛选比较容易实现，只需根据需要综合利用有关技术即可。

【**实例 4-20**】如图 4-23(a)所示，为"表格操作示例"页面 Table3.html，内含一个成绩表与一个"搜索"文本框。在"搜索"文本框中输入内容时，成绩表中只会显示包含当前所输入内容的数据行，如图 4-23(b)所示。若删除"搜索"文本框中的内容，则成绩表中又会自动显示所有的数据行。

(a) (b)

图 4-23　"表格操作示例"页面

主要步骤：

(1) 在站点的 jQ_04 目录中新建一个 HTML 页面 Table3.html。

(2) 编写页面 Table3.html 的代码。

```html
<html>
<head>
<meta http-equiv="Content-Type" content="text/html; charset=utf-8">
<title>表格操作示例</title>
<script type="text/javascript" src="./jQuery/jquery.js"></script>
<script type="text/javascript">
$(document).ready(function(){
    $("#keyword").keyup(function(){
        if($("#keyword").val() != ''){
            //先隐藏所有数据行，然后再过滤出包含指定内容的数据行，并显示之
            $("table tbody tr").hide().filter(":contains
                ('"+($(this).val())+"')").show();
        }else{
            $("table tbody tr").show();
        }
    })
});
</script>
</head>
<body>
```

```
<table width="260" border="1" align="center">
  <caption><strong>成绩表</strong></caption>
  <thead align="center" valign="bottom">
  <tr>
    <td colspan="2">搜索: <input type="text" name="keyword" id="keyword" /></td>
  </tr>
    <tr bgcolor="#D6D6D6">
    <td>姓名</td>
    <td>成绩</td>
  </tr>
  </thead>
  <tbody align="center">
  <tr>
    <td>王帅</td>
    <td>97</td>
  </tr>
  <tr>
    <td>李雷</td>
    <td>91</td>
  </tr>
  <tr>
    <td>高天</td>
    <td>97</td>
  </tr>
  <tr>
    <td>赵卫</td>
    <td>84</td>
  </tr>
  <tr>
    <td>王强</td>
    <td>97</td>
  </tr>
  <tr>
    <td>陈美</td>
    <td>88</td>
  </tr>
  </tbody>
</table>
</body>
</html>
```

代码解析：

在本实例中，为"搜索"文本框绑定了 keyup 事件，并在该事件的处理函数中实现相应的数据筛选功能。这样，在"搜索"文本框中输入内容时，可即时更新当前的筛选结果。

4.8　事件处理应用实例

下面通过一个具体的实例，简要说明 jQuery 在事件处理方面的综合应用。

【实例 4-21】伸缩式导航菜单。如图 4-24(a)所示，为"系统菜单"页面 Menu.html，内含一个"系统菜单"，而该菜单又包含 3 个菜单项，即"部门管理""职工管理"与"当前用户"。单击某个菜单项，将以向下滑动的方式自动显示相应的子菜单，如图 4-24(b)所示；当再次单击该菜单项时，则又会以向上滑动的方式自动将相应的子菜单隐藏掉。

(a)　　　　　　　　　　　　　　　　(b)

图 4-24　　"系统菜单"页面

主要步骤：

(1)　将图片文件 LuItem.gif、LuVblue.png 与 LuVred.png 置于站点的 jQ_04 目录的子目录 images 中。

(2)　在站点的 jQ_04 目录中新建一个 HTML 页面 Menu.html。

(3)　编写页面 Menu.html 的代码。

```
<!DOCTYPE HTML PUBLIC "-//W3C//DTD HTML 4.01 Transitional//EN"
"http://www.w3.org/TR/html4/loose.dtd">
<html>
<head>
<meta http-equiv="Content-Type" content="text/html; charset=utf-8">
<title>系统菜单</title>
<style type="text/css">
dl {
    width: 160px;
    margin: 0px;
}
dt {
    font-size: 13px;
    color: #FFF;
```

```css
    background-color: #F99;
    margin: 0px;
    padding:3px 0px 3px 8px;
    height: 18px;
    cursor: hand;
}
dd{
    font-size: 12px;
    margin: 0px;
}
.item{
    color: #39F;
    background-color: #FFC;
    height: 15px;
    padding: 3px 0px 3px 16px;
    cursor: hand;
    border-style: solid;
    border: 2px;
    border-bottom-color:#F00
}
a {
    color: #39F;
    text-decoration: none;
}
a:hover {
    color:#F63
}
#top{
    width: 160px;
    height: 25px;
    background-color:#39F;
}
#bottom{
    width:160px;
    height:25px;
    background-color:#39F;
}
</style>
<script type="text/javascript" src="./jQuery/jquery.js"></script>
<script type="text/javascript">
$(document).ready(function(){
    $("dd").hide();  //隐藏全部子菜单
    $("dt").click(function(){
        if($(this).next().is(":hidden")){  //若子菜单处于隐藏状态，则下滑显示之
            $(this).next().slideDown("slow");
        }else{  //否则，上滑隐藏之
            $(this).next().slideUp("slow");
        }
    });
});
```

```
</script>
</head>
<body>
<div id="top"></div>
<dl>
    <dt><img src="images/LuVblue.png" width="16" height="16">部门管理</dt>
    <dd>
      <div class="item"><img src="images/LuItem.gif" width="4" height="6">
      <a href="#">部门增加</a></div>
      <div class="item"><img src="images/LuItem.gif" width="4" height="6">
      <a href="#">部门维护</a></div>
    </dd>
    <dt><img src="images/LuVblue.png" width="16" height="16">职工管理</dt>
    <dd>
      <div class="item"><img src="images/LuItem.gif" width="4" height="6">
      <a href="#">职工增加</a></div>
      <div class="item"><img src="images/LuItem.gif" width="4" height="6">
      <a href="#">职工维护</a></div>
    </dd>
    <dt><img src="images/LuVred.png" width="16" height="16">当前用户</dt>
    <dd>
      <div class="item"><img src="images/LuItem.gif" width="4" height="6">
      <a href="#">密码设置</a></div>
      <div class="item"><img src="images/LuItem.gif" width="4" height="6">
      <a href="#">安全退出</a></div>
    </dd>
</dl>
<div id="bottom"></div></body>
</html>
```

代码解析：

在本实例中，整个"系统菜单"用包含 3 对<dt>与<dd>子元素的<dl>元素生成。其中，<dt>子元素用于生成"系统菜单"的各个菜单项，而<dd>子元素则用于生成菜单项的子菜单。

本 章 小 结

本章简要地介绍了 jQuery 的事件概况，并通过具体实例讲解了 jQuery 中事件方法的基本用法以及事件操作的实现方法、悬停操作的模拟方法与事件对象的应用技术，同时全面介绍了 jQuery 事件在实现动画效果与表格操作方面的有关技术。通过本章的学习，应熟练掌握基于 jQuery 的事件处理技术，并能在各类 Web 应用的开发中灵活地加以运用，以顺利实现所需要的有关功能与效果。

思 考 题

1. jQuery 所提供的鼠标事件、键盘事件、表单事件与浏览器事件有哪些？

2. 简述 jQuery 事件方法的基本用法。

3. 事件的基本操作主要有哪些？在 jQuery 中如何实现事件的各种基本操作？

4. 在 jQuery 中，bind()方法与 one()方法有何异同？

5. 在 jQuery 中，trigger()方法与 triggerHandler()方法有何异同？

6. jQuery 中的 hover()方法有何作用？请简述其基本用法。

7. 在 jQuery 中如何获取事件对象？

8. jQuery 中的事件对象有哪些常用属性？

9. 在 jQuery 中如何阻止事件的冒泡？

10. 在 jQuery 中如何阻止浏览器的默认行为？

11. 在 jQuery 中如何实现显示隐藏效果？

12. 在 jQuery 中如何实现淡入淡出效果？

13. 在 jQuery 中如何实现滑上滑下效果？

14. 在 jQuery 中如何创建自定义动画？

15. 在 jQuery 中如何停止自定义动画？

16. 在 jQuery 中如何延迟动画的执行？

17. 在 jQuery 中如何判断元素是否处于动画状态之中？

18. 简述在 jQuery 中实现表格选中行标示的基本方法。

19. 简述在 jQuery 中实现表格伸缩显示的基本方法。

20. 简述在 jQuery 中实现表格内容筛选的基本方法。

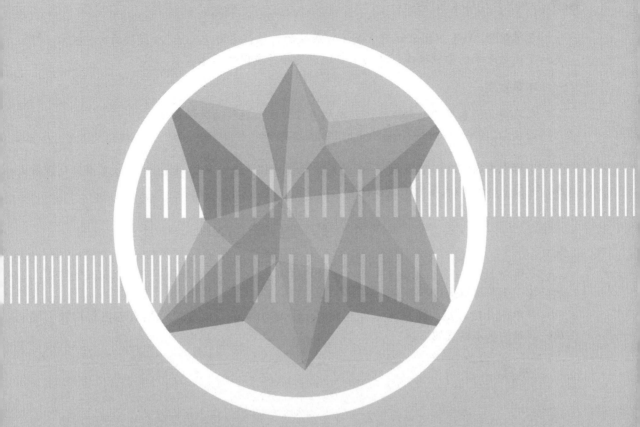

第 5 章

jQuery 表单操作

表单对于 Web 应用来说通常是不可或缺的。综合运用 jQuery 所提供的有关技术，可灵活实现对表单的各种操作，从而更好地满足相关应用的具体需求。

本章要点：

表单简介；表单的元素操作；表单的事件处理；表单的数据验证。

学习目标：

了解表单的概况；掌握 jQuery 的表单元素操作方法；掌握 jQuery 的表单事件处理技术；掌握 jQuery 的表单数据验证技术。

5.1 表 单 简 介

表单是 HTML 文档或页面中的一个特定区域，其主要功能是让用户输入有关的数据，然后提交到服务器端进行处理。

表单的开始标记与结束标记分别为<form>与</form>，二者之间所有的内容均属于表单。表单的基本格式如下：

```
<form>
表单内容
</form>
```

在<form>标记中，可根据需要设置表单的有关属性，包括表单的名称、处理程序、提交方式、编码方式以及目标窗口的打开方式等。<form>标记的常用属性如表 5-1 所示。其中，enctype 属性的可能取值如表 5-2 所示，target 属性的可能取值如表 5-3 所示。

表 5-1　<form>标记的常用属性

属　性	说　明
name	表单的名称
action	表单的处理程序或脚本文件(如 ASP、JSP、PHP、ASP.NET 页面等)
method	表单的提交方式，通常为 get 或 post。
enctype	表单的编码方式
target	表单的目标窗口打开方式

表 5-2　<form>标记的 enctype 属性的可能取值

取　值	说　明
application/x-www-form-urlencoded	默认的编码方式
test/plain	纯文本编码方式
multipart/form-data	MIME 编码方式(使用表单上传文件时必须使用该方式)

表 5-3　<form>标记的 target 属性的可能取值

取　　值	说　　明
_blank	在新建浏览器窗口中打开
_parent	在父级浏览器窗口中打开
_self	在当前浏览器窗口中打开
_top	在顶层浏览器窗口中打开

在表单内，通常包含一系列用于生成各种表单元素的标记，包括输入标记<input>、文本域标记<textarea>、列表框标记<select>等。

1. <input>标记

<input>标记为输入标记，是表单中最常用的标记之一，用于生成各种不同类型的表单元素，包括文本框、密码域、单选按钮、复选框、提交按钮、重置按钮、普通按钮、图像域、隐藏域与文件域等。实际上，<input>标记是通过其 type 属性来区分表单元素的类型的，如表 5-4 所示。其中，文本框与密码域的常用属性如表 5-5 所示，单选按钮与复选框的常用属性如表 5-6 所示，提交按钮、重置按钮与普通按钮的常用属性如表 5-7 所示。

表 5-4　<input>标记的 type 属性的取值

取　　值	说　　明
text	文本框
password	密码域(用于密码的输入，在其中输入的内容以星号"*"或圆点显示)
radio	单选按钮
checkbox	复选框
submit	提交按钮
reset	重置按钮
button	普通按钮
image	图像域
hidden	隐藏域(在页面中不显示，但其内容可提交到服务器中)
file	文件域(用于选定文件以上传之)

表 5-5　文本框与密码域的常用属性

属　　性	说　　明
name	名称
maxlength	最大输入字符数
size	宽度(以字符为单位)
value	默认值

表 5-6 单选按钮与复选框的常用属性

属 性	说 明
checked	默认选中项
value	选项值

表 5-7 提交按钮、重置按钮与普通按钮的常用属性

属 性	说 明
name	名称
value	按钮上显示的文本

2. <textarea>标记

<textarea>标记为文本域标记，用于生成可输入多行文本的文本域(或文本区域)。文本域与文本框不同，文本框只能输入单行文本，而文本域可输入多行文本。显然，使用文本域可实现更多内容的输入。<textarea>标记的常用属性如表 5-8 所示。

表 5-8 <textarea>标记的常用属性

属 性	说 明
name	文本域的名称
rows	文本域的行数
cols	文本域的列数
value	文本域的默认值

3. <select>标记

<select>标记为列表框标记，用于生成包含有若干个可供用户进行选择的选项的列表框或下拉列表框。列表框或下拉列表框所包含的选项，是使用相应的<option>标记生成的。<select>标记的常用属性如表 5-9 所示，<option>标记的常用属性如表 5-10 所示。

表 5-9 <select>标记的常用属性

属 性	说 明
name	列表框或下拉列表框的名称
size	同时显示的选项个数(若其值为 1，则为下拉列表框)
multiple	是否允许同时选中多个选项

表 5-10 <option>标记的常用属性

属 性	说 明
value	选项取值
selected	默认选项

5.2　表单的元素操作

根据需要，可在表单内放置各种不同类型的有关元素。使用 jQuery，可灵活地实现对表单内有关元素的相关操作，从而更好地满足具体应用的需求。在此，将以几种常用的表单元素为例进行简要介绍。

5.2.1　文本框的操作

文本框主要用于输入单行文本，如用户名、姓名、身份证号码等。文本框是表单中最为常用的元素之一，其相关操作主要包括获取或设置文本框的值、更改文本框的编辑状态等。

在 jQuery 中，通过调用 val()方法，即可获取或设置文本框的值。该方法的语法格式为：

```
val([value])
```

其中，参数 value 是可选的。未指定参数时，该方法将返回文本框的值；若指定了参数，则该方法会将文本框的值设置为指定参数的值。

> ≈ 说明：　使用 val()方法可获取为文本框动态输入或通过 val(value)动态设置的值。由于文本框的初始值是通过其 value 属性设置的，因此可使用 attr("value")获取之。对于通过 attr("value",value)设置的值，也可使用 attr("value")加以获取。不过，对于动态输入或通过 val(value)设置的值，使用 attr("value")是无法获取的。

默认情况下，文本框内的文本是可以进行编辑的。必要时，可将文本框更改为不可用状态。为此，可调用 attr()方法将其 disabled 属性设置为"disabled"或 true。其基本格式为：

```
attr("disabled", "disabled"|true)
```

反之，若要将文本框重新设置为可用状态，只需调用 removeAttr()方法清除 disabled 属性即可。其基本格式为：

```
removeAttr("disabled")
```

此外，为将文本框重新设置为可用状态，也可调用 attr()方法将其 disabled 属性设置为 false。其基本格式为：

```
attr("disabled", flase)
```

【实例 5-1】如图 5-1(a)所示，为"文本框操作示例"页面 TextBox.html，内含一个"用户名"文本框(其初始值为"world")与一系列有关按钮。单击"提交"按钮，若尚未输入用户名，将打开如图 5-1(b)所示的"请输入用户名！"对话框，否则将打开如图 5-1(c)所示的对话框以显示当前的用户名；单击"重置"按钮，可将用户名恢复为"world"；单击"设置用户名"按钮，可将当前的用户名设置为"abc"，如图 5-1(d)所示；单击"获取用户名"按钮，可打开如图 5-1(e)所示的对话框以显示当前的用户名；单击"禁用"按钮时，可将"用户名"文本框设置为不可用状态，如图 5-1(f)所示；单击"启用"按钮，则又可将"用户名"文本框恢复为可用状态。

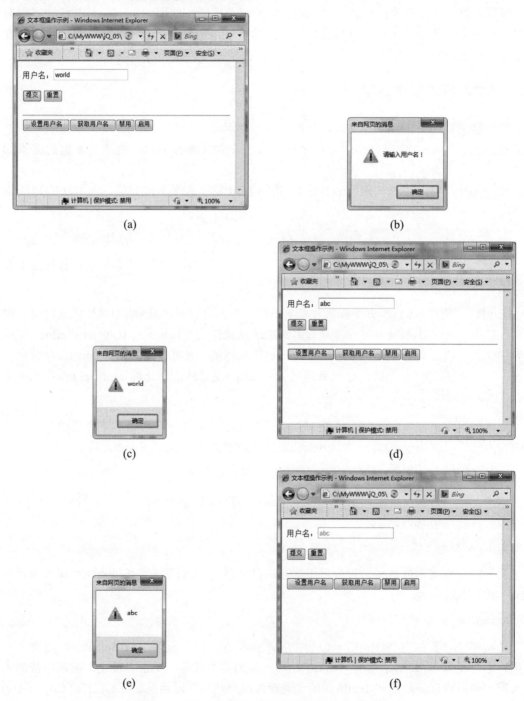

图 5-1 "文本框操作示例"页面与操作结果对话框

主要步骤：

(1)　在站点 MyWWW 中创建一个新的目录 jQ_05。

(2)　在站点的 jQ_05 目录中创建一个子目录 jQuery，然后将 jQuery 库文件置于其中，并重命名为 jquery.js。

(3)　在站点的 jQ_05 目录中新建一个 HTML 页面 TextBox.html。

(4)　编写页面 TextBox.html 的代码。

```
<html>
<head>
<meta http-equiv="Content-Type" content="text/html; charset=utf-8">
<title>文本框操作示例</title>
<script type="text/javascript" src="./jQuery/jquery.js"></script>
<script type="text/javascript">
$(document).ready(function(){
  $("#submit").click(function(){
    if($("#username").val() != ""){
     alert($("#username").val());
    }else{
      alert("请输入用户名！");
      $("#username").focus();
    }
    return false;
  });
  $("#btnSetValue").click(function(){
    $("#username").val("abc");
  });
  $("#btnGetValue").click(function(){
    alert($("#username").val());
  });
  $("#btnDisabled").click(function(){
    $("#username").attr("disabled","disabled");
  });
  $("#btnEnabled").click(function(){
    $("#username").removeAttr("disabled");
    $("#username").focus();
  });
});
</script>
</head>
<body>
<form>
用户名：<input name="username" type="text" id="username" value="world">
<br><br>
<input type="submit" name="submit" id="submit" value="提交">
<input type="reset" name="reset" id="reset" value="重置">
</form>
<hr>
<button id="btnSetValue">设置用户名</button>
<button id="btnGetValue">获取用户名</button>
```

```
<button id="btnDisabled">禁用</button>
<button id="btnEnabled">启用</button>
</body>
</html>
```

代码解析：

(1) "$("#username").attr("disabled","disabled");" 语句用于禁用"用户名"文本框，也可改写为 "$("#username").attr("disabled",true);"。

(2) "$("#username").removeAttr("disabled");" 语句用于启用"用户名"文本框，也可改写为 "$("#username").attr("disabled",false);"。

5.2.2 文本域的操作

文本域主要用于输入多行文本，如内容简介、个人简历等。与文本域相关的操作主要包括获取或设置文本域的值、更改文本域的编辑状态等，其实现方法与文本框相应操作的实现方法相同。

【实例 5-2】如图 5-2(a)所示，为"文本域操作示例"页面 TextArea.html，内含一个"内容"文本域(其初始值为重复 10 次的"Hello,World! 您好，世界！")与一系列有关按钮。单击"提交"按钮，若尚未输入任何内容，将打开如图 5-2(b)所示的"请输入内容！"对话框，否则将打开如图 5-2(c)所示的对话框以显示当前的内容；单击"重置"按钮，可将内容恢复为初始值；单击"设置内容"按钮，可将内容设置为"abc"；单击"获取内容"按钮，可打开相应的对话框以显示当前的内容；单击"禁用"按钮，可将"内容"文本域设置为不可用状态；单击"启用"按钮，则又可将"内容"文本域恢复为可用状态；单击"放大"按钮，可适当放大"内容"文本域的大小，如图 5-2(d)所示；单击"缩小"按钮，则又可适当缩小"内容"文本域的大小；单击"向上"按钮，可适当向上滚动"内容"文本域中的内容；单击"向下"按钮，则又可适当向下滚动"内容"文本域中的内容。

(a)

(b)

图 5-2 "文本域操作示例"页面与操作结果对话框

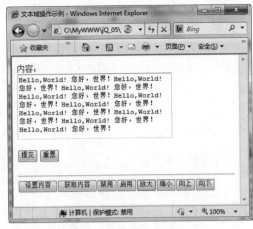

(c)　　　　　　　　　　　　　　　(d)

图 5-2　"文本域操作示例"页面与操作结果对话框(续)

主要步骤:

(1) 在站点的 jQ_05 目录中新建一个 HTML 页面 TextArea.html。

(2) 编写页面 TextArea.html 的代码。

```html
<html>
<head>
<meta http-equiv="Content-Type" content="text/html; charset=utf-8">
<title>文本域操作示例</title>
<script type="text/javascript" src="./jQuery/jquery.js"></script>
<script type="text/javascript">
$(document).ready(function(){
  $("#submit").click(function(){
    if($("#content").val() != ""){
      alert($("#content").val());
    }else{
      alert("请输入内容! ");
      $("#content").focus();
    }
    return false;
});
$("#btnSetValue").click(function(){
    $("#content").val("abc");
});
$("#btnGetValue").click(function(){
    alert($("#content").val());
});
$("#btnDisabled").click(function(){
    $("#content").attr("disabled",true);
});
$("#btnEnabled").click(function(){
    $("#content").attr("disabled",false);
    $("#content").focus();
```

```
  });
  $("#btnBig").click(function(){
    var $content = $("#content");           // 获取文本域对象
    if(!$content.is(":animated")){          // 是否处于动画中
      if($content.height() < 350){
        // 将文本域高度在原来的基础上增加50
        $content.animate({height:"+=50",width:"+=30"},500);
      }
    }
  })
  $("#btnSmall").click(function(){
    var $content = $("#content");         // 获取文本域对象
    if(!$content.is(":animated")){        // 是否处于动画中
      if($content.height() > 100){
        // 将文本域高度在原来的基础上减少50
        $content.animate({height:"-=50",width:"-=30"},500);
      }
    }
  })
  $("#btnUp").click(function(){
    var $content = $("#content");
    if(!$content.is(":animated")){
      $content.animate({scrollTop:"-=30"},500);
    }
  })
  $("#btnDown").click(function(){
    var $content = $("#content");
    if(!$content.is(":animated")){
      $content.animate({scrollTop:"+=30"},500);
    }
  })
});
</script>
</head>
<body>
<form>
内容: <br>
<textarea id="content" rows="5" cols="35">Hello,World! 您好，世界!
Hello,World! 您好，世界! Hello,World! 您好，世界! Hello,World! 您好，世界!
Hello,World! 您好，世界! Hello,World! 您好，世界! Hello,World! 您好，世界!
Hello,World! 您好，世界! Hello,World! 您好，世界! Hello,World! 您好，世界!
</textarea>
<br><br>
<input type="submit" name="submit" id="submit" value="提交">
<input type="reset" name="reset" id="reset" value="重置">
</form>
<hr>
<button id="btnSetValue">设置内容</button>
<button id="btnGetValue">获取内容</button>
<button id="btnDisabled">禁用</button>
```

```
<button id="btnEnabled">启用</button>
<button id="btnBig">放大</button>
<button id="btnSmall">缩小</button>
<button id="btnUp">向上</button>
<button id="btnDown">向下</button>
</body>
</html>
```

代码解析：

在本实例中，通过创建改变文本域宽度与高度的自定义动画实现其放大、缩小操作，通过创建改变文本域 CSS 样式属性 scrollTop 的值的自定义动画实现向上、向下滚动其中内容的操作。

5.2.3　单选按钮的操作

单选按钮主要用于在同组选项中确保选中且只选中其中的一项，如性别的选定、用户类型的选定等。单选按钮是表单中的常用元素，与其相关的操作主要包括选中、取消选中与是否选中的状态判断等。

在 jQuery 中，为选中某个单选按钮，可调用 attr()方法将其 checked 属性设置为 true 或"checked"。其基本格式为：

```
attr("checked",true)
```

或者

```
attr("checked", "checked")
```

反之，若要取消选中某个单选按钮，可调用 removeAttr()方法清除其 checked 属性，或将其 checked 属性设置为 false。其基本格式为：

```
removeAttr("checked")
```

或者

```
attr("checked",false)
```

在具体应用中，通常要判断某个单选按钮是否处于选中状态。为此，可通过 attr("checked")获取单选按钮 checked 属性的值，并判断其是否为"checked"。其基本格式为：

```
attr("checked")=="checked"
```

若该条件表达式成立，则相应的单选按钮是被选中的，否则是未被选中的。

【实例 5-3】如图 5-3(a)所示，为"单选按钮操作示例"页面 Radio.html，内含 3 个"用户类型"方面的单选按钮(其初始状态为选中"教师"单选按钮)与一系列有关按钮。单击"提交"按钮，将打开如图 5-3(b)所示的对话框以显示当前的用户类型；单击"管理员""教师"或"学生"按钮时，可自动选中相应的单选按钮；单击"当前值"按钮时，则可打开相应的对话框以显示当前所选中的用户类型。

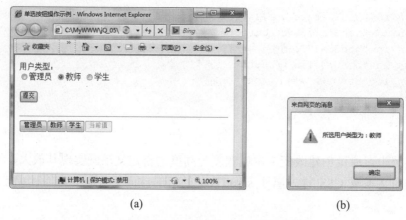

(a) (b)

图 5-3 "单选按钮操作示例"页面与操作结果对话框

主要步骤：

(1) 在站点的 jQ_05 目录中新建一个 HTML 页面 Radio.html。

(2) 编写页面 Radio.html 的代码。

```
<html>
<head>
<meta http-equiv="Content-Type" content="text/html; charset=utf-8">
<title>单选按钮操作示例</title>
<script type="text/javascript" src="./jQuery/jquery.js"></script>
<script type="text/javascript">
$(document).ready(function(){
  $("#btnGetValue").attr("disabled", "disabled");
  $("#submit").click(function(){
    var usertype=$("input[type=radio]:checked").val();
    alert("所选用户类型为: "+usertype);
    return false;
  });
  $("#btnManager").click(function(){
    $("input[type=radio]").attr("checked",false);
    $("input[type=radio]").eq(0).attr("checked",true);
    $("#btnGetValue").removeAttr("disabled");
  });
  $("#btnTeacher").click(function(){
    $("input[type=radio]").attr("checked",false);
    $("input[type=radio]").eq(1).attr("checked",true);
    $("#btnGetValue").removeAttr("disabled");
  });
  $("#btnStudent").click(function(){
    $("input[type=radio]").attr("checked",false);
    $("input[type=radio]").eq(2).attr("checked",true);
    $("#btnGetValue").removeAttr("disabled");
  });
  $("#btnGetValue").click(function(){
    var usertype="";
    $("input[type=radio]").each(function(){
```

```
     if ($(this).attr("checked")=="checked")
       usertype=$(this).val();
   });
   alert(usertype);
   $(this).attr("disabled", "disabled");
  });
});
</script>
</head>
<body>
<form>
用户类型：<br>
<input name="usertype" type="radio" value="管理员">管理员
<input name="usertype" type="radio" value="教师" checked>教师
<input name="usertype" type="radio" value="学生">学生
<br><br>
<input type="submit" name="submit" id="submit" value="提交">
</form>
<hr>
<button id="btnManager">管理员</button>
<button id="btnTeacher">教师</button>
<button id="btnStudent">学生</button>
<button id="btnGetValue">当前值</button>
</body>
</html>
```

代码解析：

（1）在本实例中，"attr("checked",false)"用于取消相应单选按钮的选中状态，也可将其修改为"removeAttr("checked")"；"attr("checked",true)"用于选中相应的单选按钮，也可将其修改为"attr("checked","checked")"。

（2）在"当前值"按钮的单击事件处理函数中，通过对"用户类型"单选按钮的遍历，判断出被选中的单选按钮，然后调用 val()方法获取其值。

5.2.4 复选框的操作

复选框主要用于在同组选项中任意进行选择，如运动的选定、课程的选定等。复选框与单选按钮一样，也是表单中的常用元素，其相关操作主要包括选中、取消选中与是否选中的状态判断等。

在 jQuery 中，为选中某个复选框，可调用 attr()方法将其 checked 属性设置为 true 或 "checked"。其基本格式为：

```
attr("checked",true)
```

或者

```
attr("checked", "checked")
```

反之，若要取消选中某个复选框，可调用 removeAttr()方法清除其 checked 属性，或将其 checked 属性设置为 false。其基本格式为：

```
removeAttr("checked")
```

或者

```
attr("checked",false)
```

在具体应用中，通常要判断某个复选框是否处于选中状态。为此，可通过 attr("checked")获取复选框 checked 属性的值，并判断其是否为"checked"。其基本格式为：

```
attr("checked")=="checked"
```

若该条件表达式成立，则相应的复选框是被选中的，否则是未被选中的。

【实例 5-4】如图 5-4(a)所示，为"复选框操作示例"页面 CheckBox.html，内含 5 个"运动"方面的复选框(其初始状态为选中"篮球"与"羽毛球"复选框)与一系列有关按钮。单击"提交"按钮，将打开如图 5-4(b)所示的对话框以显示当前选中的运动；单击"全选"按钮时，可自动选中所有的复选框；单击"全不选"按钮时，可自动取消所有复选框的选中状态；单击"反选"按钮时，可自动反向选中相应的复选框(即原来没选中的则选中之，原来已选中的则取消选中之)；单击"当前值"按钮时，则可打开相应的对话框以显示当前选中的运动。

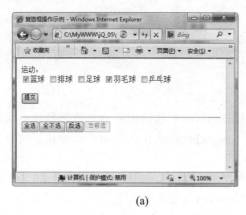

(a)   (b)

图 5-4 "复选框操作示例"页面与操作结果对话框

主要步骤：

(1) 在站点的 jQ_05 目录中新建一个 HTML 页面 CheckBox.html。

(2) 编写页面 CheckBox.html 的代码。

```
<html>
<head>
<meta http-equiv="Content-Type" content="text/html; charset=utf-8">
<title>复选框操作示例</title>
<script type="text/javascript" src="./jQuery/jquery.js"></script>
<script type="text/javascript">
$(document).ready(function(){
  $("#btnGetValue").attr("disabled", "disabled");
  $("#submit").click(function(){
    var sports = "";
    $("input[type=checkbox]:checked").each(function(){
```

```
    sports+="\r\n"+$(this).val();
  });
  if (sports=="")
    alert("目前尚未选中任何一种运动！");
  else
    alert("所选运动为: "+sports);
  return false;
});
$("#btnCheckAll").click(function(){
  $("input[type=checkbox]").attr("checked",true);
  $("#btnGetValue").removeAttr("disabled");
});
$("#btnUnCheckAll").click(function(){
  $("input[type=checkbox]").attr("checked",false);
  $("#btnGetValue").removeAttr("disabled");
});
$("#btnReverseCheck").click(function(){
  $("input[type=checkbox]").each(function(){
    if ($(this).attr("checked")=="checked")
      $(this).attr("checked",false);
    else
      $(this).attr("checked",true);
  });
  $("#btnGetValue").removeAttr("disabled");
});
$("#btnGetValue").click(function(){
  var sports = "";
  $("input[type=checkbox]").each(function(){
    if ($(this).attr("checked")=="checked")
      sports+="\r\n"+$(this).val();
  });
  if (sports=="")
    alert("目前尚未选中任何一种运动！");
  else
    alert("所选运动为: "+sports);
  $(this).attr("disabled", "disabled");
});
});
</script>
</head>
<body>
<form>
运动: <br>
<input name="sport" type="checkbox" value="篮球" checked>篮球
<input name="sport" type="checkbox" value="排球">排球
<input name="sport" type="checkbox" value="足球">足球
<input name="sport" type="checkbox" value="羽毛球" checked>羽毛球
<input name="sport" type="checkbox" value="乒乓球">乒乓球
<br><br>
<input type="submit" name="submit" id="submit" value="提交">
</form>
<hr>
<button id="btnCheckAll">全选</button>
```

```
<button id="btnUnCheckAll">全不选</button>
<button id="btnReverseCheck">反选</button>
<button id="btnGetValue">当前值</button>
</body>
</html>
```

5.2.5 列表框的操作

列表框主要用于在一组选项中进行相应的选择，如类别的选择、部门的选择等。与列表框相关的操作主要包括获取或设置列表框的值以及列表框选项的清空与添加等。

在 jQuery 中，通过调用 val()方法，即可获取或设置列表框的值。该方法的语法格式为：

```
val([value])
```

其中，参数 value 是可选的。未指定参数时，该方法将返回列表框的值；若指定了参数，则该方法会将列表框的值设置为指定参数的值(即选中值为指定参数值的选项)。

要清空列表框中的选项，只需调用 empty()方法即可。其基本格式为：

```
empty()
```

要在列表框中添加选项，只需调用 append()方法即可。其基本格式为：

```
append("<option value='选项值'>选项文本</option>")
```

【实例 5-5】如图 5-5(a)所示，为"列表框操作示例"页面 Select.html，内含一个"运动"列表框(其初始状态为选中"篮球"与"羽毛球"选项)与一系列有关按钮。单击"提交"按钮，将打开如图 5-5(b)所示的对话框以显示当前所选中的运动；单击"重置"按钮，可恢复为初始状态；单击"不选"按钮，可自动取消所有选项的选中状态；单击"预选"按钮，可自动选中"排球"与"乒乓球"选项；单击"清空"按钮，可自动删除列表框中的所有选项，如图 5-5(c)所示；单击"添加"按钮，可自动在列表框中添加"网球"与"橄榄球"选项，如图 5-5(d)所示；单击"当前值"按钮，则可打开相应的对话框以显示当前所选中的运动。

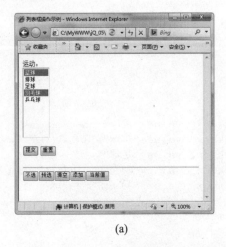

(a)

(b)

图 5-5 "列表框操作示例"页面与操作结果对话框

(c)　　　　　　　　　　　　　　(d)

图 5-5　"列表框操作示例"页面与操作结果对话框(续)

主要步骤：

(1) 在站点的 jQ_05 目录中新建一个 HTML 页面 Select.html。

(2) 编写页面 Select.html 的代码。

```html
<html>
<head>
<meta http-equiv="Content-Type" content="text/html; charset=utf-8">
<title>列表框操作示例</title>
<script type="text/javascript" src="./jQuery/jquery.js"></script>
<script type="text/javascript">
$(document).ready(function(){
  $("#submit").click(function(){
    var sports=$("#sports").val();
    if (sports==null)
      alert("目前尚未选中任何一种运动！");
    else
      alert("所选运动为："+sports);
    return false;
  });
  $("#btnSetNull").click(function(){
    $("#sports").val("");
  });
  $("#btnSetSome").click(function(){
    $("#sports").val(["排球","乒乓球"]);
  });
  $("#btnEmpty").click(function(){
    $("#sports").empty();
  });
  $("#btnAppend").click(function(){
    $("#sports").append("<option value='网球'>网球</option>");
    $("#sports").append("<option value='橄榄球'>橄榄球</option>");
  });
```

```
$("#btnGetValue").click(function(){
  var sports=$("#sports").val();
  if (sports==null)
    alert("目前尚未选中任何一种运动！");
  else
    alert("所选运动为："+sports);
});
});
</script>
</head>
<body>
<form>
运动：<br>
<select name="sports" size="10" multiple id="sports">
  <option value="篮球" selected>篮球</option>
  <option value="排球">排球</option>
  <option value="足球">足球</option>
  <option value="羽毛球" selected>羽毛球</option>
  <option value="乒乓球">乒乓球</option>
</select>
<br><br>
<input type="submit" name="submit" id="submit" value="提交">
<input type="reset" name="reset" id="reset" value="重置">
</form>
<hr>
<button id="btnSetNull">不选</button>
<button id="btnSetSome">预选</button>
<button id="btnEmpty">清空</button>
<button id="btnAppend">添加</button>
<button id="btnGetValue">当前值</button>
</body>
</html>
```

5.3　表单的事件处理

表单及表单内的各种元素均具有相应的事件。在实际应用的开发中，若能善加利用，可有效提升应用的实现效果与用户的使用体验。

5.3.1　焦点的获取

在 jQuery 中，通过调用 focus(fn)方法，可为有关元素绑定相应的 focus 事件处理函数 fn。focus 事件即焦点获取事件，在元素获得焦点时触发。不带参数直接调用 focus()方法时，也可使相应元素获得焦点，并触发其 focus 事件。

【实例 5-6】如图 5-6(a)所示，为"获取焦点事件应用示例"页面 eventFocus.html，内含"账号"与"密码"文本框以及"提交"与"重置"按钮。当"账号"或"密码"文本框获得输入焦点时，将自动放大至一定程度再恢复原状以提醒用户注意，如图 5-6(b)所示。单击"提交"按钮时，可打开相应的对话框以显示当前所输入的账号与密码(若尚未输入账号或密码,将会打开相应的对话框以提示用户进行输入);单击"重置"按钮时,可恢复为初始状态(即让"账号"与"密码"文本框保持为空)。

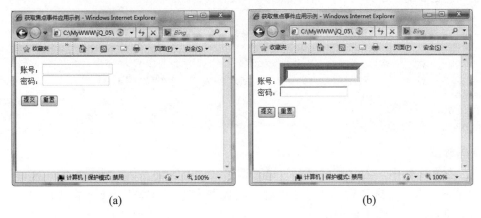

(a)   (b)

图 5-6   "获取焦点事件应用示例"页面

主要步骤:

(1) 在站点的 jQ_05 目录中新建一个 HTML 页面 eventFocus.html。

(2) 编写页面 eventFocus.html 的代码。

```html
<html>
<head>
<meta http-equiv="Content-Type" content="text/html; charset=utf-8">
<title>获取焦点事件应用示例</title>
<script type="text/javascript" src="./jQuery/jquery.js"></script>
<script type="text/javascript">
$(document).ready(function(){
  $("#account,#password").focus(function(e){
    $(this).animate({borderWidth:"+=30"},500).animate({borderWidth:"-=30"},500);
  });
  $("#submit").click(function(){
    var account=$("#account").val();
    var password=$("#password").val();
    if (account==""){
      alert("请输入账号! ");
      $("#account").focus();
      return false;
    }
    if (password==""){
      alert("请输入密码! ");
      $("#password").focus();
      return false;
    }
    alert("账号: "+account+"\r\n 密码: "+password);
  });
});
</script>
</head>
```

```
<body>
<form>
账号: <input name="account" type="text" id="account">
<br>
密码: <input name="password" type="password" id="password">
<br><br>
<input type="submit" name="submit" id="submit" value="提交">
<input type="reset" name="reset" id="reset" value="重置">
</form>
</body>
</html>
```

代码解析:

(1) 在本实例中,当文档就绪时,通过调用 focus(fn)方法为"账号"与"密码"文本框绑定 focus 事件处理函数。在该事件处理函数中,通过创建改变文本框边框宽度的自定义动画实现其放大、缩小效果。

(2) 单击"提交"按钮后,若"账号"或"密码"文本框的内容为空,则通过调用 focus()方法使其自动获得焦点,并触发其 focus 事件。

5.3.2 焦点的失去

在 jQuery 中,通过调用 blur(fn)方法,可为有关元素绑定相应的 blur 事件处理函数 fn。blur 事件即焦点失去事件,在元素失去焦点时触发。不带参数直接调用 blur()方法时,也可使相应元素失去焦点,并触发其 blur 事件。

【实例 5-7】如图 5-7(a)所示,为"失去焦点事件应用示例"页面 eventBlur.html,内含"账号"与"密码"文本框以及"提交"与"重置"按钮。当"账号"或"密码"文本框获得输入焦点时,将自动放大至一定程度再恢复原状以提醒用户注意;反之,当其失去输入焦点时,将自动将背景颜色设置为红色(当其内容为空时)或绿色(当其内容为非空时)以进行区分,如图 5-7(b)所示。单击"提交"按钮时,可打开相应的对话框以显示当前所输入的账号与密码(若尚未输入账号或密码,将会打开相应的对话框以提示用户进行输入);单击"重置"按钮时,可恢复为初始状态。

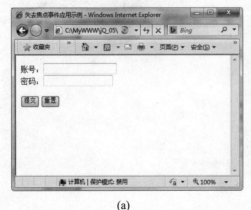
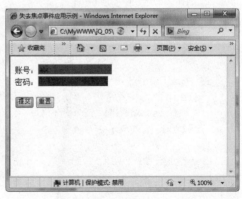

(a) (b)

图 5-7 "失去焦点事件应用示例"页面

主要步骤:

(1) 在站点的 jQ_05 目录中新建一个 HTML 页面 eventBlur.html。

(2) 编写页面 eventBlur.html 的代码。

```
<html>
<head>
<meta http-equiv="Content-Type" content="text/html; charset=utf-8">
<title>失去焦点事件应用示例</title>
<script type="text/javascript" src="./jQuery/jquery.js"></script>
<script type="text/javascript">
$(document).ready(function(){
  $("#account,#password").focus(function(e){
    $(this).animate({borderWidth:"+=30"},500).animate({borderWidth:"-=30"},500);
  });
  $("#account,#password").blur(function(e){
    if($(this).val()=="")
      $(this).css("background-color","red");
    else
      $(this).css("background-color","green");
  });
  $("#submit").click(function(){
    var account=$("#account").val();
    var password=$("#password").val();
    if (account==""){
      alert("请输入账号! ");
      $("#account").focus();
      return false;
    }
    if (password==""){
      alert("请输入密码! ");
      $("#password").focus();
      return false;
    }
    alert("账号: "+account+"\r\n 密码: "+password);
  });
});
</script>
</head>
<body>
<form>
账号: <input name="account" type="text" id="account">
<br>
密码: <input name="password" type="password" id="password">
<br><br>
<input type="submit" name="submit" id="submit" value="提交">
<input type="reset" name="reset" id="reset" value="重置">
</form>
</body>
</html>
```

代码解析：

在本实例中，当文档就绪时，通过调用 blur(fn)方法为"账号"与"密码"文本框绑定 blur 事件处理函数。在该事件处理函数中，根据当前文本框是否有内容，通过调用 css()方法将其背景颜色改变为绿色或红色。

5.3.3 值的改变

在 jQuery 中，通过调用 change(fn)方法，可为有关元素绑定相应的 change 事件处理函数 fn。change 事件即值改变事件，在元素的值发生改变并失去焦点时触发。不带参数直接调用 change()方法时，也可触发其 change 事件。

【实例 5-8】如图 5-8(a)所示，为"值改变事件应用示例"页面 eventChange.html，内含"账号"与"密码"文本框、"类型"下拉列表框以及"提交"与"重置"按钮。当"账号""密码"文本框或"类型"下拉列表框的值发生改变时，其文字大小将自动缩小至一定程度再恢复原状以提醒用户注意，如图 5-8(b)所示。单击"提交"按钮时，若尚未输入账号或密码，将会打开相应的对话框以提示用户进行输入，否则会打开相应的对话框以显示当前所输入的账号、密码与选定的类型，如图 5-8(c)所示；单击"重置"按钮时，可恢复为初始状态。

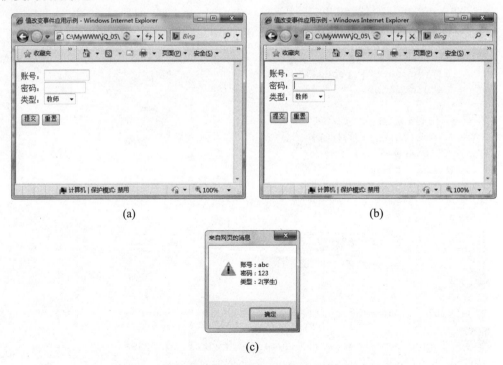

(a)   (b)

(c)

图 5-8 "值改变事件应用示例"页面与操作结果对话框

主要步骤：

(1) 在站点的 jQ_05 目录中新建一个 HTML 页面 eventChange.html。

(2) 编写页面 eventChange.html 的代码。

```html
<html>
<head>
<meta http-equiv="Content-Type" content="text/html; charset=utf-8">
<title>值改变事件应用示例</title>
<script type="text/javascript" src="./jQuery/jquery.js"></script>
<script type="text/javascript">
$(document).ready(function(){
  $("#account,#password,#type").change(function(e){
    $(this).animate({fontSize:"-=10"},500).animate({fontSize:"+=10"},500);
  });
  $("#submit").click(function(){
    var account=$("#account").val();
    var password=$("#password").val();
    var type=$("#type").val()+"("+$("#type option:selected").text()+")";
    if (account==""){
      alert("请输入账号！");
      $("#account").focus();
      return false;
    }
    if (password==""){
      alert("请输入密码！");
      $("#password").focus();
      return false;
    }
    alert("账号："+account+"\r\n 密码："+password+"\r\n 类型："+type);
  });
});
</script>
</head>
<body>
<form>
账号: <input name="account" type="text" id="account" size="10"
maxlength="10">
<br>
密码: <input name="password" type="password" id="password" size="10"
maxlength="10">
<br>
类型: <select name="type" id="type">
  <option value="0">管理员</option>
  <option value="1" selected>教师</option>
  <option value="2">学生</option>
</select>
<br><br>
<input type="submit" name="submit" id="submit" value="提交">
<input type="reset" name="reset" id="reset" value="重置">
</form>
</body>
</html>
```

代码解析：

在本实例中，当文档就绪时，通过调用 change(fn)方法为"账号""密码"文本框与"类型"下拉列表框绑定 change 事件处理函数。在该事件处理函数中，通过创建改变字体大小的自定义动画实现其中文字的放大、缩小效果。

5.3.4　文本的选择

在 jQuery 中，通过调用 select(fn)方法，可为有关元素绑定相应的 select 事件处理函数 fn。select 事件即文本选择事件，在元素(通常为文本框或文本域)内选中某段文本时触发。不带参数直接调用 select()方法时，也可触发其 select 事件。

【实例 5-9】如图 5-9(a)所示，为"文本选择事件应用示例"页面 eventSelect.html，内含"账号"与"密码"文本框、"类型"下拉列表框以及"提交"与"重置"按钮。在"账号""密码"文本框中选择文本时，将自动打开相应的对话框以显示其中的内容，如图 5-9(b)所示。单击"提交"按钮时，若尚未输入账号或密码，将会打开相应的对话框以提示用户进行输入，否则会打开相应的对话框以显示当前所输入的账号、密码与选定的类型；单击"重置"按钮时，可恢复为初始状态。

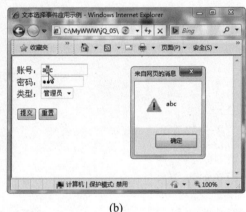

| (a) | (b) |

图 5-9　"文本选择事件应用示例"页面

主要步骤：

(1)　在站点的 jQ_05 目录中新建一个 HTML 页面 eventSelect.html。

(2)　编写页面 eventSelect.html 的代码。

```html
<html>
<head>
<meta http-equiv="Content-Type" content="text/html; charset=utf-8">
<title>文本选择事件应用示例</title>
<script type="text/javascript" src="./jQuery/jquery.js"></script>
<script type="text/javascript">
$(document).ready(function(){
  $("#account,#password").select(function(e){
    alert($(this).val());
```

```
      });
  $("#submit").click(function(){
    var account=$("#account").val();
    var password=$("#password").val();
    var type=$("#type").val()+"("+$("#type option:selected").text()+")";
    if (account==""){
      alert("请输入账号！");
      $("#account").focus();
      return false;
    }
    if (password==""){
      alert("请输入密码！");
      $("#password").focus();
      return false;
    }
    alert("账号："+account+"\r\n 密码："+password+"\r\n 类型："+type);
  });
});
</script>
</head>
<body>
<form>
账号：<input name="account" type="text" id="account" size="10" maxlength="10">
<br>
密码：<input name="password" type="password" id="password" size="10"
maxlength="10">
<br>
类型：<select name="type" id="type">
  <option value="0">管理员</option>
  <option value="1" selected>教师</option>
  <option value="2">学生</option>
</select>
<br><br>
<input type="submit" name="submit" id="submit" value="提交">
<input type="reset" name="reset" id="reset" value="重置">
</form>
</body>
</html>
```

代码解析：

在本实例中，当文档就绪时，通过调用 select(fn)方法为“账号”与“密码”文本框绑定 select 事件处理函数，其功能为通过对话框显示当前元素的内容。

5.3.5　表单的提交

在 jQuery 中，通过调用 submit(fn)方法，可为有关元素绑定相应的 submit 事件处理函数 fn。submit 事件即表单提交事件，在提交表单时触发。不带参数直接调用 submit()方法时，也可触发其 submit 事件。

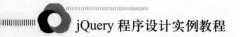
> 📖 **说明：** 若 submit 事件处理函数返回 false，则不会执行提交操作，否则就会执行提交操作。

【**实例 5-10**】如图 5-10(a) 所示，为"表单提交事件应用示例"页面 eventSubmit.html，内含"账号"与"密码"文本框、"类型"下拉列表框以及"提交"与"重置"按钮。单击"提交"按钮时，若尚未输入账号或密码，将会打开相应的对话框以提示用户进行输入，如图 5-10(b) 所示；否则，会打开相应的对话框以显示当前所输入的账号、密码与选定的类型，如图 5-10(c) 所示。单击"重置"按钮时，则可恢复为初始状态。

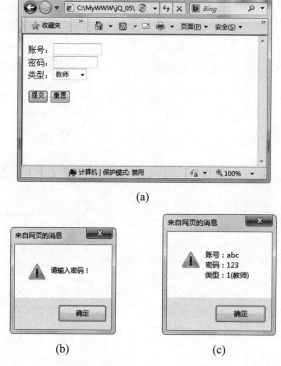

图 5-10 "表单提交事件应用示例"页面与操作结果对话框

主要步骤：

(1) 在站点的 jQ_05 目录中新建一个 HTML 页面 eventSubmit.html。

(2) 编写页面 eventSubmit.html 的代码。

```html
<html>
<head>
<meta http-equiv="Content-Type" content="text/html; charset=utf-8">
<title>表单提交事件应用示例</title>
<script type="text/javascript" src="./jQuery/jquery.js"></script>
<script type="text/javascript">
$(document).ready(function(){
  $("#form").submit(function(e){
    var account=$("#account").val();
    var password=$("#password").val();
```

```
    var type=$("#type").val()+"("+$("#type option:selected").text()+")";
    if (account==""){
      alert("请输入账号！");
      $("#account").focus();
      return false;
    }
    if (password==""){
      alert("请输入密码！");
      $("#password").focus();
      return false;
    }
    alert("账号："+account+"\r\n密码："+password+"\r\n类型："+type);
  });
});
</script>
</head>
<body>
<form id="form">
账号: <input name="account" type="text" id="account" size="10"
maxlength="10">
<br>
密码: <input name="password" type="password" id="password" size="10"
maxlength="10">
<br>
类型: <select name="type" id="type">
  <option value="0">管理员</option>
  <option value="1" selected>教师</option>
  <option value="2">学生</option>
</select>
<br><br>
<input type="submit" name="submit" id="submit" value="提交">
<input type="reset" name="reset" id="reset" value="重置">
</form>
</body>
</html>
```

代码解析：

在本实例中，当文档就绪时，通过调用 submit(fn)方法为表单绑定 submit 事件处理函数，其功能为检查用户当前的输入，并进行相应的处理。

5.4　表单的数据验证

在各类 Web 应用中，表单的作用是至关重要的。对于在表单中所输入的数据，通常要进行相应的验证，以确保其正确性与合理性。综合利用 jQuery 的有关技术，可灵活地实现对表单数据的验证，包括输入过程中的即时验证与提交表单时的综合验证。

【**实例 5-11**】表单数据验证。如图 5-11(a)所示，为"表单数据验证示例"页面 FormCheck.html，内含"账号"与"密码"文本框、"类型"下拉列表框以及"提交"与

"重置"按钮。当"账号"或"密码"文本框失去输入焦点时(或单击"提交"按钮时)，若尚未输入账号或密码，则会打开相应的对话框以提示用户进行输入，如图 5-11(b)所示；此外，若所输入的密码长度小于 6，也会打开相应的对话框以提醒用户，如图 5-11(c)所示。单击"提交"按钮后，若无问题，则会打开相应的对话框以显示当前所输入的账号、密码与选定的类型，如图 5-11(d)所示。单击"重置"按钮时，可恢复为初始状态。

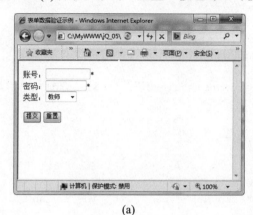

(a)

(b)　　　　　　　　　　(c)　　　　　　　　　　(d)

图 5-11　"表单数据验证示例"页面与操作结果对话框

主要步骤：

(1) 在站点的 jQ_05 目录中新建一个 HTML 页面 FormCheck.html。

(2) 编写页面 FormCheck.html 的代码。

```html
<html>
<head>
<meta http-equiv="Content-Type" content="text/html; charset=utf-8">
<title>表单数据验证示例</title>
<script type="text/javascript" src="./jQuery/jquery.js"></script>
<script type="text/javascript">
$(document).ready(function(){
  $("form :input.required").each(function(){
    var $required=$("<font color='red'>*</font>");  //创建元素
    $(this).after($required);  //添加元素
  })
  $("form :input").blur(function(e){
    if($(this).is("#account")){
      if($(this).val()==""){
        alert("账号不能为空！");
      }
```

```
    }
    if($(this).is("#password")){
      if($(this).val()==""){
        alert("密码不能为空！");
      }else if($(this).val().length<6){
        alert("密码长度不能小于 6 位！");
      }
    }
  })
  $("#submit").click(function(e){
    var account=$("#account").val();
    var password=$("#password").val();
    var type=$("#type").val()+"("+$("#type option:selected").text()+")";
    if (account==""){
      alert("请输入账号！");
      $("#account").focus();
      return false;
    }
    if (password==""){
      alert("请输入密码！");
      $("#password").focus();
      return false;
    }
    if (password.length<6){
      alert("密码长度不能小于 6 位！");
      $("#password").focus();
      return false;
    }
    alert("账号："+account+"\r\n 密码："+password+"\r\n 类型："+type);
  });
});
</script>
</head>
<body>
<form id="form">
账号：<input name="account" type="text" id="account" size="10"
maxlength="10" class="required">
<br>
密码：<input name="password" type="password" id="password" size="10"
maxlength="10" class="required">
<br>
类型：<select name="type" id="type">
  <option value="0">管理员</option>
  <option value="1" selected>教师</option>
  <option value="2">学生</option>
</select>
<br><br>
<input type="submit" name="submit" id="submit" value="提交">
<input type="reset" name="reset" id="reset" value="重置">
</form>
</body>
</html>
```

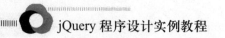

代码解析：

(1) 在本实例中，当文档就绪时，对于表单中应用了 CSS 样式类 required 的<input>元素，在其后均添加一个红色的"*"号，以标明该项目为必填项。

(2) 本实例通过为表单的<input>元素绑定 blur 事件处理函数实现表单数据的即时验证。在该事件处理函数中，通过调用 is()方法来判定当前元素是哪一个表单元素。

(3) 本实例通过为"提交"按钮绑定单击事件处理函数实现表单数据的全面获取与综合验证。

5.5　表单操作应用实例

下面通过一个具体的实例，简要说明 jQuery 在表单操作方面的综合应用。

【实例 5-12】运动项目选择。如图 5-12(a)所示，为"运动选择"页面 Sports.html，内含"可选运动"与"已选运动"列表框以及一系列有关按钮。单击"添加"按钮时，可将"可选运动"列表框中选中的运动全部移动到"已选运动"列表框中，如图 5-12(b)所示；单击"全部添加"按钮时，可将"可选运动"列表框中所有的运动全部移动到"已选运动"列表框中，如图 5-12(c)所示；单击"删除"按钮时，可将"已选运动"列表框中选中的运动全部移动到"可选运动"列表框中；单击"全部删除"按钮时，可将"已选运动"列表框中所有的运动全部移动到"可选运动"列表框中。此外，在"可选运动"列表框中直接双击某项运动，也可将其移动到"已选运动"列表框中；反之，在"已选运动"列表框中直接双击某项运动，也可将其移动到"可选运动"列表框中。运动项目选择完毕后，再单击"提交"按钮，即可打开一个显示当前所有已选运动项目的对话框，如图 5-12(d)所示。

(a)

图 5-12　"运动选择"页面与操作结果对话框

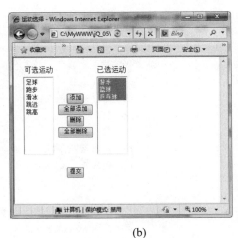
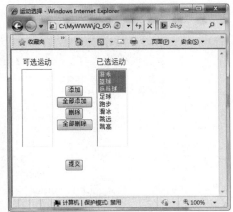

(b)   (c)

(d)

图 5-12　"运动选择"页面与操作结果对话框(续)

主要步骤：

(1)　在站点的 jQ_05 目录中新建一个 HTML 页面 Sports.html。

(2)　编写页面 Sports.html 的代码。

```html
<html>
<head>
<meta http-equiv="Content-Type" content="text/html; charset=utf-8">
<title>运动选择</title>
<script type="text/javascript" src="./jQuery/jquery.js"></script>
<script type="text/javascript">
$(document).ready(function(){
  $("#submit").click(function(){
    var sports="";
    $("#sports0 option").each(function(){
      if (sports=="")
        sports=$(this).val();
      else
        sports+=","+$(this).val();
    });
    if (sports=="")
      alert("目前尚无已选运动！");
    else
      alert("已选运动为："+sports);
    return false;
  });
  $("#btnAdd").click(function(){
```

```
    var $options = $("#sports option:selected");      //获取选中的可选运动项
    $options.appendTo("#sports0");                     //移动到已选运动中
  })
  $("#btnAddAll").click(function(){
    var $options = $("#sports option");                //获取所有的可选运动项
    $options.appendTo("#sports0");                     //移动到已选运动中
  })
  $("#sports").dblclick(function(){                    //双击事件处理函数
    var $options = $("option:selected",this);          //获取被双击的可选运动项
    $options.appendTo("#sports0");                     //移动到已选运动中
  })
  $("#btnDel").click(function(){
    var $options = $("#sports0 option:selected");      //获取选中的已选运动项
    $options.appendTo("#sports");                      //移动到可选运动中
  })
  $("#btnDelAll").click(function(){
    var $options = $("#sports0 option");               //获取所有的已选运动项
    $options.appendTo("#sports");                      //移动到可选运动中
  })
  $("#sports0").dblclick(function(){                   //双击事件处理函数
    var $options = $("option:selected",this);          //获取被双击的已选运动项
    $options.appendTo("#sports");                      //移动到可选运动中
  })
});
</script>
</head>
<body>
<form>
<table width="250" border="0">
  <tr>
    <td align="right">可选运动</td>
    <td align="center"> </td>
    <td align="left">已选运动</td>
  </tr>
  <tr>
    <td align="right">
<select name="sports" size="10" multiple id="sports">
        <option value="游泳">游泳</option>
        <option value="足球">足球</option>
        <option value="篮球">篮球</option>
        <option value="跑步">跑步</option>
        <option value="滑冰">滑冰</option>
        <option value="乒乓球">乒乓球</option>
        <option value="跳远">跳远</option>
        <option value="跳高">跳高</option>
</select>
    </td>
    <td align="center">
        <button id="btnAdd">添加</button><br>
        <button id="btnAddAll">全部添加</button><br>
```

```
        <button id="btnDel">删除</button><br>
        <button id="btnDelAll">全部删除</button>

    </td>
    <td align="left">
     <select name="sports0" size="10" multiple id="sports0">
 </select>
    </td>
 </tr>
 <tr>
    <td align="right"> </td>
    <td align="center"> </td>
    <td align="left"> </td>
 </tr>
 <tr>
    <td colspan="3" align="center"><input type="submit" name="submit"
        id="submit" value="提交"></td>
 </tr>
</table>
</form>
</body>
</html>
```

本 章 小 结

本章简要地介绍了表单的概况，并通过具体实例讲解了 jQuery 的表单元素操作方法、表单事件处理技术与表单数据验证技术。通过本章的学习，应熟练掌握 jQuery 的表单应用技术，并能在 Web 应用的表单设计中灵活运用，从而更好地实现所需要的功能，提升用户的操作体验。

思 考 题

1. 表单的标记是什么？有何主要属性？

2. 使用<input>标记可生成哪些表单元素？其 type 属性值分别是什么？

3. <textarea>标记的常用属性有哪些？

4. <select>标记与<option>标记的常用属性有哪些？

5. 与文本框相关的操作主要包括哪些？在 jQuery 中如何实现之？

6. 与文本域相关的操作主要包括哪些？在 jQuery 中如何实现之？

7. 与单选按钮相关的操作主要包括哪些？在 jQuery 中如何实现之？

8. 与复选框相关的操作主要包括哪些？在 jQuery 中如何实现之？

9. 与列表框相关的操作主要包括哪些？在 jQuery 中如何实现之？

10. 表单元素的常用事件有哪些？请简述其使用要点。

11. 如何为指定元素绑定表单提交事件处理函数？

12. 如何实现表单数据的即时验证与综合验证？

第 6 章

jQuery Ajax 应用

Ajax 意为异步 JavaScript 和 XML，囊括了 JavaScript、HTML/XHTML、CSS、XML、XMLHttpRequest 与 DOM 等技术，是提高 Web 应用性能的一种重要途径。jQuery 提供了一系列与 Ajax 有关的方法，可使 Ajax 相关应用的开发变得更加简单。

本章要点：

Ajax 应用基础；jQuery Ajax 应用技术。

学习目标：

了解 Ajax 的基本概念与应用模式，熟知 Ajax 的运行环境及其编程的基础知识；掌握 jQuery 的 Ajax 应用技术。

6.1 Ajax 简介

6.1.1 Ajax 的基本概念

Ajax 是 Asynchronous JavaScript and XML(异步 JavaScript 和 XML)的缩写，由 Jesse James Garrett 所创造，指的是一种创建交互式网页应用的开发技术。Ajax 经 Google 公司大力推广后已成为一种炙手可热的流行技术，而 Google 公司所发布的 Gmail、Google Suggest 等应用也最终让人们体验到了 Ajax 的独特魅力。

Ajax 的核心理念是使用 XMLHttpRequest 对象发送异步请求。最初为 XMLHttpRequest 对象提供浏览器支持的是微软公司。1998 年，微软公司在开发 Web 版的 Outlook 时，即以 ActiveX 控件的方式为 XMLHttpRequest 对象提供了相应的支持。

实际上，Ajax 并非一种全新的技术，而是多种技术的相互融合。Ajax 所包含的各种技术均有其独到之处，相互融合在一起便成为一种功能强大的新技术。

Ajax 的相关技术主要如下。

- HTML/XHTML：实现页面内容的表示。
- CSS：格式化页面内容。
- DOM(Document Object Model，文档对象模型)：对页面内容进行动态更新。
- XML：实现数据交换与格式转换。
- XMLHttpRequest 对象：实现与服务器的异步通信。
- JavaScript：实现各种技术的融合。

6.1.2 Ajax 的应用模式

在传统的 Web 应用模式中，浏览器是使用同步方式发送请求并等待响应。在同步方式下，用户通过浏览器发出请求后，就只能等待服务器的响应。而在服务器返回响应之前，用户将无法执行任何进一步的操作，只能空等。与此不同，Ajax 应用模式可将请求与响应改为异步方式(即非同步方式)。这样，在发送请求后，浏览器就无须空等服务器的响应，而是让用户继续对其中的 Web 应用程序进行其他操作。当服务器处理请求并返回响应时，再告知浏览器按程序所设定的方式进行相应的处理。可见，与传统的 Web 应用模式相比，Ajax 应用模式的运行效率更高，而且用户的体验也更佳。

事实上，在 Ajax 应用模式中，有关操作所产生的异步请求是通过 Ajax 引擎发送给服务器的，而服务器对于请求的最终响应也是先返回给客户端的 Ajax 引擎，然后由 Ajax 引擎将其更新到页面中的相应位置。可见，对于 Ajax 技术来说，Ajax 引擎是至关重要的一个组件。

Ajax 技术的出现为异步请求的合理发送及其响应结果的及时处理带来了福音，并有效地降低了相关应用的开发难度。Ajax 具有异步交互的特点，可实现 Web 页面区域的动态更新(在此过程中无须刷新整个页面)，因此特别适用于交互较多、数据读取较为频繁的 Web 应用，其典型的应用场景包括即时验证表单数据、按需获取后台数据、自动更新页面信息等。

6.1.3　Ajax 的运行环境

Ajax 功能的实现需要与 Web 服务器进行交互，因此首先要搭建一个相应的 Web 服务器，并以此作为 Ajax 的运行环境。至于 Web 服务器的种类与搭建方式，则是多种多样的。为简单起见，在此选用 XAMPP 2016。

XAMPP 是目前流行的一个 PHP 开发环境，也是一个功能极为强大的建站集成软件包，内含 Apache、MySQL、PHP 与 Perl 等，可在 Windows、Linux、Solaris、Mac OS X 等多种操作系统下安装使用，并支持多语言(包括英文、简体中文、繁体中文、韩文、俄文、日文等)。时至今日，XAMPP 已有为数众多的不同版本。其中，XAMPP 2016 是一个完全免费且特别容易安装使用的 Apache 发行版，可从有关软件网站(如绿软下载站 http://www.itmop.com 等)直接下载。从网上下载的 XAMPP 2016 通常为一个 zip 压缩包，如 xampp_itmop.com.zip 等。解压后，即可找到其安装程序，通常为 xampp_2016.exe。

XAMPP 2016 的安装非常简单，只需双击其安装程序以运行之，并在随之打开的如图 6-1 所示的"xampp(phpStudy 编译版)自解压文件"对话框中设定相应的解压目标文件夹(即安装目录，在此为 C:\xampp)，然后单击"确定"按钮解压文件即可。待文件解压完毕后(见图 6-2)，XAMPP 2016 的安装也就顺利完成了。

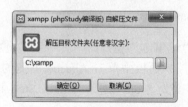

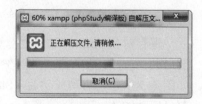

图 6-1　"xampp(phpStudy 编译版)自解压文件"对话框　　图 6-2　正在解压文件对话框

在 XAMPP 2016 的安装目录中，双击其控制程序 xampp_control.exe，即可打开相应的 XAMPP 控制面板，也就是 XAMPP Lite 2016 窗口，如图 6-3 所示。在该窗口中，可对 Apache 服务器等进行相应的配置与控制。

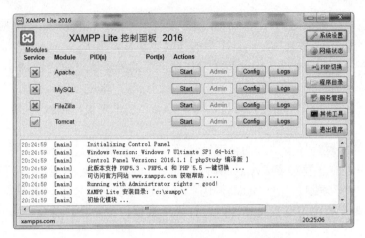

图 6-3　XAMPP Lite 2016 窗口(XAMPP 控制面板)

Apache 服务器的默认端口号为 80。若该端口号已被占用，则 Apache 服务器将不能成功启动。为此，可适当修改 Apache 服务器的端口号，在此将其修改为 8090。具体方法如下。

(1) 在 XAMPP 控制面板中单击 Apache 右侧的 Config 按钮，并在随之打开的列表中选择 Apache(httpd.conf)，用"记事本"打开 Apache 的配置文件 httpd.conf。

(2) 在配置文件 httpd.conf 中查找"Listen 80"，并将其修改为"Listen 8090"，如图 6-4 所示。

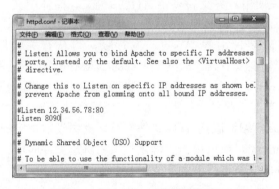

图 6-4　"httpd.conf-记事本"窗口

(3) 保存对 httpd.conf 的修改，然后关闭"记事本"窗口。

要启动 Apache 服务器，只需在 XAMPP 控制面板中单击 Apache 右侧的 Start 按钮即可。如图 6-5 所示，启动成功后，Start 按钮将变为 Stop 按钮。单击该 Stop 按钮，即可关闭当前已启动的 Apache 服务器。

启动 Apache 服务器后，再打开浏览器，然后在地址栏中输入"http://localhost:8090/"并按 Enter 键，若能打开如图 6-6 所示的"xampp(phpStudy 重新编译版)"页面，则表明一切正常。

对于 XAMPP 2016 来说，Apache 服务器的站点根目录为其安装目录的 htdocs 子目录。在此，完整的路径为 C:\xampp\htdocs。

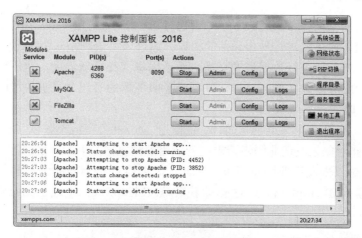

图 6-5　XAMPP 控制面板

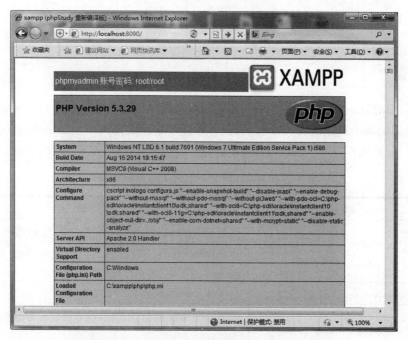

图 6-6　"xampp(phpStudy 重新编译版)"页面

6.1.4　Ajax 的编程基础

Ajax 应用程序必须是由客户端与服务器一同合作的应用程序。JavaScript 是编写 Ajax 应用程序的客户端语言,而 XML 则是请求或响应时建议使用的信息交换的格式(在实际应用中可根据需要使用其他有关格式)。

1. XMLHttpRequest 对象简介

Ajax 的核心为 XMLHttpRequest 组件。该组件在 Firefox、NetScape、Safari、Opera 中称为 XMLHttpRequest,在 IE 中则是称为 Microsoft XMLHTTP 或 Msxml2.XMLHTTP 的 ActiveX 组件(但在 IE7 中已更名为 XMLHttpRequest)。

XMLHttpRequest 组件的对象(或实例)可通过 JavaScript 创建。XMLHttpRequest 对象提供客户端与 HTTP 服务器进行异步通信的协议。通过该协议，Ajax 可以使页面像桌面应用程序一样，只同服务器进行数据层的交换，而不用每次都刷新界面，也不用每次都将数据处理工作提交给服务器来完成。这样，既减轻了服务器的负担，又加快了响应的速度、缩短了用户等候的时间。

在 Ajax 应用程序中，若使用的浏览器为 Mozilla、Firefox 或 Safari，则可通过 XMLHttpRequest 对象来发送非同步请求；若使用的浏览器是 IE6 或之前的版本，则应使用 ActiveXObject 对象来发送非同步请求。因此，为兼容各种不同的浏览器，必须先进行测试，以正确创建 XMLHttpRequest 对象(即获取 XMLHttpRequest 或 ActiveXObject 对象)。例如：

```
var xmlHttp;
if(window.ActiveXObject){
    xmlHttp = new ActiveXObject("Microsoft.XMLHTTP");
}
else if(window.XMLHttpRequest){
    xmlHttp = new XMLHttpRequest();
}
```

创建了 XMLHttpRequest 对象后，为实现相应的 Ajax 功能，可在 JavaScript 脚本中调用 XMLHttpRequest 对象的有关方法及说明(见表 6-1)，或访问 XMLHttpRequest 对象的有关属性及说明(见表 6-2)。

表 6-1 XMLHttpRequest 对象的方法及说明

方　法	说　明
void open("method", "url" [,asyncFlag [,"userName" [, "password"]]])	创建请求。method 参数可以是 GET 或 POST，url 参数可以是相对或绝对 URL，可选参数 asyncFlag、Username、password 分别为是否非同步标记、用户名、密码
void send(content)	向服务器发送请求
void setRequestHeader("header","value")	设置指定标头的值(在调用该方法之前必须先调用 open 方法)
void abort()	停止当前请求
string getAllResponseHeaders()	获取响应的所有标头(键/值对)
string getResponseHeader("header")	获取响应中指定的标头

表 6-2 XMLHttpRequest 对象的属性及说明

属　性	说　明
onreadystatechange	状态改变事件触发器(每个状态的改变都会触发该事件触发器)，通常为一个 JavaScript 函数
readyState	请求状态，包括：0 表示未初始化；1 表示正在加载；2 表示已加载；3 表示交互中；4 表示已完成

续表

属　　性	说　　明
responseText	服务器的响应(字符串)
responseXML	服务器的响应(XML)。该对象可以解析为一个 DOM 对象
status	服务器返回的 HTTP 状态码。如：200 表示 OK(成功)，404 表示 Not Found(未找到)
statusText	HTTP 状态码的相应文本(如 OK 或 Not Found 等)

2. Ajax 的请求与响应过程

Ajax 利用浏览器中网页的 JavaScript 脚本程序来完成数据的提交或请求，并将 Web 服务器响应后返回的数据由 JavaScript 脚本程序处理后呈现到页面上。Ajax 的请求与响应过程如图 6-7 所示，可大致分为以下 5 个基本步骤。

(1) 网页调用 JavaScript 脚本程序。

(2) JavaScript 利用浏览器提供的 XMLHttpRequest 对象向 Web 服务器发送请求。

(3) Web 服务器接受请求并由指定的 URL 处理后返回相应的结果给浏览器的 XMLHttpRequest 对象。

(4) XMLHttpRequest 对象调用指定的 JavaScript 处理方法。

(5) 被调用的 JavaScript 处理方法解析返回的数据并更新当前页面。

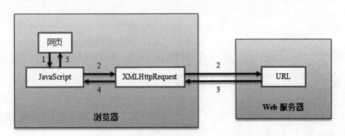

图 6-7　Ajax 的请求与响应过程

3. Ajax 的应用实例

下面通过一个具体的应用实例，简要说明通过传统的 JavaScript 方式实现 Ajax 功能的基本方法。

【实例 6-1】从服务器端获取文本。如图 6-8(a) 所示，为 AjaxAbc 页面 AjaxAbc.html，内含一个内容为 "Are you OK?" 的<div>元素与一个 OK 按钮。单击 OK 按钮后，<div>元素的内容可在不刷新页面的情况下更新为 "Hello,World!您好，世界！"(而该内容是通过 PHP 页面 HelloWorld.php 返回的)，如图 6-8(b)所示。

主要步骤：

(1) 在 Dreamweaver 中新建一个站点 MyWWWPHP，其本地站点文件夹为 Apache 服务器的站点根目录(在此为 C:\xampp\htdocs)。

(2) 在站点 MyWWWPHP 中创建一个新的目录 jQ_06。

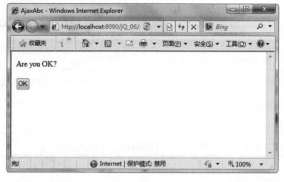

(a)

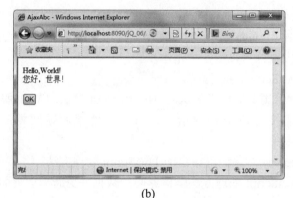

(b)

图 6-8　AjaxAbc 页面

(3) 在站点的 jQ_06 目录中新建一个 HTML 页面 AjaxAbc.html，并编写其代码。

```html
<html>
<head>
<meta http-equiv="Content-Type" content="text/html; charset=utf-8">
<title>AjaxAbc</title>
<script type="text/javascript">
    var xmlhttp = null;
    function createXMLHttpRequest(){
        if(window.ActiveXObject){  //IE 浏览器
            xmlhttp = new ActiveXObject("Microsoft.XMLHTTP");
        }else if(window.XMLHttpRequest){  //非 IE 浏览器
            xmlhttp = new XMLHttpRequest();
        }
    }
    function abc(){
        createXMLHttpRequest();
        var url = "HelloWorld.php";
        xmlhttp.open("get",url,true);
        xmlhttp.onreadystatechange = function(){
            if(xmlhttp.readyState == 4 && xmlhttp.status == 200){
                document.getElementById("message").innerHTML =
                    xmlhttp.responseText;
            }
```

```
    }
        xmlhttp.send(null);  //发送异步请求
    }
</script>
</head>
<body>
<div id="message">Are you OK?</div>
<br>
<button id="OK" onClick="abc();">OK</button>
</body>
</html>
```

(4) 在站点的 jQ_06 目录中新建一个 PHP 页面 HelloWorld.php，并编写其代码。

```php
<?php
    echo "Hello,World!";
    echo "<br>";
    echo "您好，世界！";
?>
```

运行方式：启动 Apache 服务器后，再打开浏览器，然后在地址栏中输入
"http://localhost:8090/jQ_06/AjaxAbc.html"并按 Enter 键，即可打开如图 6-8(a)所示的
AjaxAbc 页面。

代码解析：

(1) 在本实例中，自定义了两个 JavaScript 函数，即 createXMLHttpRequest()与
abc()。

(2) createXMLHttpRequest()函数的功能是创建一个 XMLHttpRequest 对象，并将其保
存到变量 xmlhttp 中。

(3) abc()函数的功能是发送异步请求，并对返回的响应信息进行处理。其具体过程
为：先调用 createXMLHttpRequest()函数创建一个 XMLHttpRequest 对象 xmlhttp，然后调
用 xmlhttp.open()方法创建一个以 GET 方式发送的对 PHP 页面 HelloWorld.php 的异步请
求，并通过 xmlhttp.onreadystatechange 指定相应的处理函数，最后调用 xmlhttp.send()发送
请求。其中，处理函数的功能就是在请求已完成(xmlhttp.readyState 值为 4)且响应已成功返
回(xmlhttp.status 值为 200)时将响应信息 xmlhttp.responseText 更新到页面的<div>元素中(该
元素的 id 为 message)。

(4) 在 AjaxAbc.html 页面 OK 按钮所对应的<button>元素中，将 onClick 属性设置为
"abc();"。这样，在单击该按钮时，将触发其单击事件，并自动调用 abc()函数。

(5) 在 PHP 页面 HelloWorld.php 中，通过 echo 语句输出相应的信息(即本实例中异步
请求所对应的响应信息)。

6.2　jQuery Ajax 应用技术

为降低 Ajax 应用的编程难度，jQuery 提供了一系列与 Ajax 有关的方法。借助于
jQuery Ajax 方法，可轻松地通过 HTTP GET 或 HTTP POST 方式从远程服务器上请求文

本、HTML、XML 或 JSON 等格式的数据，并在无须重新载入整个页面的情况下将其直接更新到页面的被选元素中(即实现页面的局部更新)。可见，jQuery Ajax 对于各类应用中 Ajax 功能的具体实现是极为有利的，可使 Ajax 相关应用的开发变得更加简单。在此，仅介绍一些常用的 jQuery Ajax 方法，包括 load()、$.get()、$.post()、$.getScript()、$.getJSON()、$.ajax()等，从中可以了解 jQuery 的各种 Ajax 应用方式。

6.2.1 使用 load()方法加载数据

在传统的 JavaScript 中，需使用 XMLHttpRequest 对象异步加载数据。而在 jQuery 中，使用 load()方法即可方便快捷地实现异步获取数据的功能。其语法格式为：

```
load(url[,data ] [,callback)]);
```

load()方法的功能是从服务器加载数据，并将返回的数据置于所匹配的元素中。其中，各参数的说明如下。

(1) url。该参数为必需参数，用于指定请求目标的 URL 地址。

(2) data。该参数为可选参数，用于指定需要与请求一起发送到服务器的数据。

(3) callback。该参数为可选参数，用于指定本方法完成时(无论请求是否成功)需要执行的回调函数。其格式通常为 function(response,status[,xhr]){...}，其中的 response 为请求的响应信息，status 为请求的状态(如 success、notmodified、error、timeout、parsererror 等)，xhr 则为 XMLHttpRequest 对象。

📖 说明： load()方法发送请求的方式是根据参数 data 来确定的。若未指定 data 参数，则采用 GET 方式，否则采用 POST 方式。

【实例 6-2】载入 HTML 文档。如图 6-9(a)所示，为"load()方法示例"页面 Load.html，内含一个内容为空的<div>元素与一个 OK 按钮。单击 OK 按钮后，<div>元素的内容可在不刷新页面的情况下更新为"中国广西南宁"(而该内容是通过 HTML 页面 Test.html 提供的)，如图 6-9(b)所示。

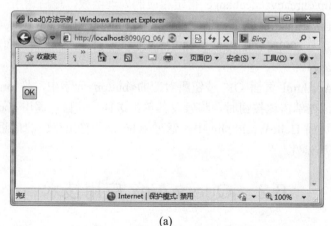

(a)

图 6-9   "load()方法示例"页面

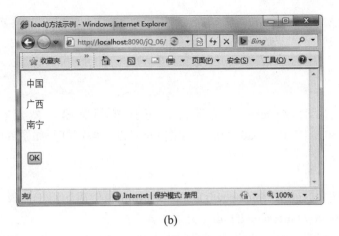

(b)

图 6-9　"load()方法示例"页面(续)

主要步骤：

(1) 在站点的 jQ_06 目录中创建一个子目录 jQuery，然后将 jQuery 库文件置于其中，并重命名为 jquery.js。

(2) 在站点的 jQ_06 目录中新建一个 HTML 页面 Load.html，并编写其代码。

```html
<html>
<head>
<meta http-equiv="Content-Type" content="text/html; charset=utf-8">
<title>load()方法示例</title>
<script type="text/javascript" src="./jQuery/jquery.js"></script>
<script type="text/javascript">
    $(document).ready(function(){
        $("#OK").click(function(){
            $("#message").load("Test.html");
        })
    })
</script>
</head>
<body>
<div id="message"></div>
<br>
<button id="OK">OK</button>
</body>
</html>
```

(3) 在站点的 jQ_06 目录中新建一个 HTML 页面 Test.html，并编写其代码。

```html
<html>
<head>
<meta http-equiv="Content-Type" content="text/html; charset=utf-8">
<title>Test</title>
</head>
<body>
<div>
<p class="zg">中国</p>
```

```
<p class="gx">广西</p>
<p class="nn">南宁</p>
</div>
</body>
</html>
```

运行方式：启动 Apache 服务器后，再打开浏览器，然后在地址栏中输入"http://localhost:8090/jQ_06/Load1.html"并按 Enter 键，即可打开如图 6-9(a)所示的"load()方法示例"页面。

代码解析：

(1) 在本实例中，"$("#message").load("Test.html");"语句用于加载 Test.html 页面，并将其内容更新到 id 为 message 的<div>元素中。

(2) 若将"load("Test.html")"修改为"load("Test.html .gx")"，则在单击 OK 按钮后，<div>元素的内容可更新为"广西"，如图 6-10 所示。可见，在 load()方法的 url 参数中，可进一步指定选择符，以便载入由相应选择器所匹配的元素的内容。在此，".gx"将匹配 Test.html 页面中应用了 CSS 样式类 gx 的<p>元素，而该元素的内容就是"广西"。

图 6-10　　"load()方法示例"页面

📑 提示：　在使用 load()方法时，为载入 HTML 文档中的指定元素，url 参数的语法结构为"URL selector"。

6.2.2　使用$.get()方法发送请求

在 jQuery 中，要以 GET 方式发送异步请求，可使用$.get()方法。其语法格式为：

```
$.get(url[,data][,callback][,type])
```

其中，参数 url、data、callback 的用法与 load()方法的相应参数类似，而可选参数 type 则用于指定服务器返回的响应信息的格式或类型(包括 text、html、xml、script、json 等，未指定时 jQuery 将自动判断)。

💡 注意：　与 load()方法不同，$.get()方法的回调函数只有当响应数据成功返回时才会被调用。

【实例 6-3】使用$.get()方法请求数据。如图 6-11(a)所示，为"$.get()方法示例"页面
Get.html，内含一个表单与一个内容为空的<div>元素。输入用户名与留言内容后，再单击
"提交"按钮，<div>元素的内容可在不刷新页面的情况下更新为所输入的用户名与留言内
容(而该内容是通过 PHP 页面 Get_Message.php 返回的)，如图 6-11(b)所示。

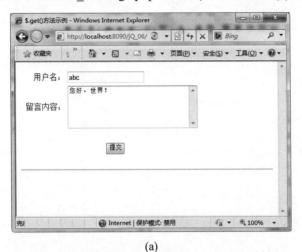

(a)

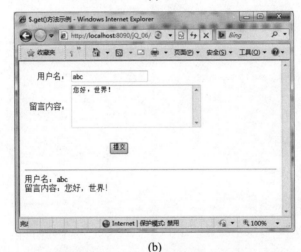

(b)

图 6-11　"$.get()方法示例"页面

主要步骤：

(1) 在站点的 **jQ_06** 目录中新建一个 HTML 页面 Get.html，并编写其代码。

```html
<html>
<head>
<meta http-equiv="Content-Type" content="text/html; charset=utf-8">
<title>$.get()方法示例</title>
<script type="text/javascript" src="./jQuery/jquery.js"></script>
<script type="text/javascript">
    $(document).ready(function(){
        $("#OK").click(function(){
```

```
        $.get("Get_Message.php", {username:$("#username").val(),
            content:$("#content").val()}, function(data,status){
                $("#message").html("用户名: "+data.username+"<br>留言内容:
                    "+data.content);
            }, "json");
        })
    })
</script>
</head>
<body>
<form name="form" action="">
<table width="380" border="0">
  <tr>
    <td align="right">用户名: </td>
    <td><input type="text" id="username"></td>
  </tr>
  <tr>
    <td align="right">留言内容: </td>
    <td><textarea cols="30" rows="5" id="content"></textarea></td>
  </tr>
  <tr>
    <td align="right"> </td>
    <td> </td>
  </tr>
  <tr>
    <td colspan="2" align="center"><input type="button" id="OK" value=
        "提交"></td>
    </tr>
</table>
</form>
<hr>
<div id="message"></div>
</body>
</html>
```

(2) 在站点的 jQ_06 目录中新建一个 PHP 页面 Get_Message.php，并编写其代码。

```
<?php
    sleep(1);   //延迟1秒
    if(!empty($_GET['username']) && !empty($_GET['content'])){
        $username = $_GET['username'];
        $content = $_GET['content'];
        $dataArray = array("username"=>$username,"content"=>$content);
        $jsonString = json_encode($dataArray);
        echo $jsonString;
    }
?>
```

运行方式：启动 Apache 服务器后，再打开浏览器，然后在地址栏中输入"http://localhost:8090/jQ_06/Get.html"并按 Enter 键，即可打开如图 6-11(a)所示的"$.get()方法示例"页面。

代码解析：

(1) 在 Get.html 页面中，当文档就绪时，为"提交"按钮绑定单击事件处理函数，在该处理函数中，通过$.get()方法发送对 PHP 页面 Get_Message.php 的异步请求，同时将当前所输入的用户名与留言内容作为 username 与 content 参数向该页面传递，并指定返回的响应数据为 JSON 格式。在响应数据成功返回时，将执行$.get()方法的回调函数，其功能为获取相应的用户与留言内容，并按一定的格式显示到页面的<div>元素中(该元素的 id 为 message)。

(2) 在 Get_Message.php 页面中，通过$_GET 数组获取传递过来的 username 与 content 参数值，若均为非空，则调用 array()方法将其存放到数组中，再调用 json_encode()方法将该数组转换为 JSON 格式的字符串，最后将字符串作为异步请求所对应的响应数据通过 echo 语句输出。

6.2.3　使用$.post()方法发送请求

在 jQuery 中，要以 POST 方式发送异步请求，可使用$.post()方法。其语法格式为：

```
$.post(url[,data][,callback][,type])
```

其中，各个参数的用法与$.get()方法的相应参数相同。

提示：　HTTP 请求的发送主要使用 GET 方式与 POST 方式。通常，GET 方式用于传递简单数据(其大小一般应限制在 2KB 以下)，而 POST 方式则用于传递大量数据。另外，GET 方式是将数据附加在 URL 之后进行传送的，安全性低；而 POST 方式则是将数据作为 HTTP 消息实体内容进行传送的，更加安全。

【实例 6-4】使用$.post()方法请求数据。如图 6-12(a)所示，为"$.post()方法示例"页面 Post.html，内含一个表单与一个内容为空的<div>元素。输入用户名与留言内容后，再单击"提交"按钮，<div>元素的内容可在不刷新页面的情况下更新为所输入的用户名与留言内容(而该内容是通过 PHP 页面 Post_Message.php 返回的)，如图 6-12(b)所示。

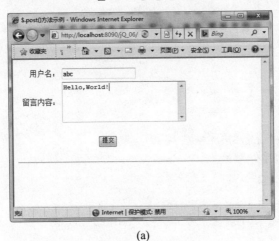

(a)

图 6-12　"$.post()方法示例"页面

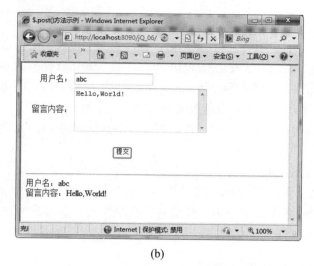

(b)

图 6-12　"$.post()方法示例"页面(续)

主要步骤：

(1)　在站点的 jQ_06 目录中新建一个 HTML 页面 Post.html，并编写其代码。

```
<html>
<head>
<meta http-equiv="Content-Type" content="text/html; charset=utf-8">
<title>$.post()方法示例</title>
<script type="text/javascript" src="./jQuery/jquery.js"></script>
<script type="text/javascript">
    $(document).ready(function(){
        $("#OK").click(function(){
            $.post("Post_Message.php", {username:$("#username").val(),
              content:$("#content").val()}, function(data,status){
                $("#message").html("用户名："+data.username+"<br>留言内容："
                    +data.content);
            }, "json");
        })
    })
</script>
</head>
<body>
<form name="form" action="">
<table width="380" border="0">
 <tr>
   <td align="right">用户名：</td>
   <td><input type="text" id="username"></td>
 </tr>
 <tr>
   <td align="right">留言内容：</td>
   <td><textarea cols="30" rows="5" id="content"></textarea></td>
 </tr>
 <tr>
```

```
    <td align="right"> </td>
    <td> </td>
  </tr>
  <tr>
    <td colspan="2" align="center"><input type="button" id="OK" value=
      "提交"></td>
    </tr>
</table>
</form>
<hr>
<div id="message"></div>
</body>
</html>
```

(2) 在站点的 jQ_06 目录中新建一个 PHP 页面 Post_Message.php，并编写其代码。

```php
<?php
    sleep(1);   //延迟 1 秒
    if(!empty($_POST['username']) && !empty($_POST['content'])){
        $username = $_POST['username'];
        $content = $_POST['content'];
        $dataArray = array("username"=>$username,"content"=>$content);
        $jsonString = json_encode($dataArray);
        echo $jsonString;
    }
?>
```

运行方式：启动 Apache 服务器后，再打开浏览器，然后在地址栏中输入"http://localhost:8090/jQ_06/Post.html"并按 Enter 键，即可打开如图 6-12(a)所示的"$.post()方法示例"页面。

代码解析：

(1) 在 Post.html 页面中，当文档就绪时，为"提交"按钮绑定单击事件处理函数，在该处理函数中，通过$.post()方法发送对 PHP 页面 Post_Message.php 的异步请求，同时将当前所输入的用户名与留言内容作为 username 与 content 参数向该页面传递，并指定返回的响应数据为 JSON 格式。在响应数据成功返回时，将执行$.post()方法的回调函数，其功能为获取相应的用户名与留言内容，并按一定的格式显示到页面的<div>元素中(该元素的 id 为 message)。

(2) 在 Post_Message.php 页面中，通过$_POST 数组获取传递过来的 username 与 content 参数值，若均为非空，则调用 array()方法将其存放到数组中，再调用 json_encode() 方法将该数组转换为 JSON 格式的字符串，最后将字符串作为异步请求所对应的响应数据通过 echo 语句输出。

6.2.4　使用$.getScript()方法加载 JavaScript 脚本

在 jQuery 中，可通过$.getScript()全局方法加载 JavaScript 脚本。由于被加载的 JavaScript 脚本会自动执行，因此可在一定程度上提高页面的执行效率。

$.getScript()方法的语法格式为：

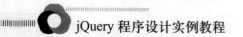
```
$.getScript(url [,callback])
```

其中，各个参数的用法与$.get()方法的相应参数相同。

【实例 6-5】使用$.getScript()方法加载 JS 文件。如图 6-13(a)所示，为"$.getScript()方法示例"页面 GetScript.html，内含两个内容分别为"Hello,World!"与"您好，世界！"的<div>元素以及一个 OK 按钮。单击 OK 按钮后，将打开一个内容为"Hello,World!您好，世界！"的对话框(而该对话框是通过执行 JS 文件 HelloWorld.js 生成的)，如图 6-13(b)所示。单击该对话框的"确定"按钮后，页面中的两个<div>元素的背景颜色将变为浅蓝色，如图 6-13(c)所示。

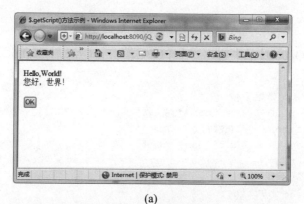

(a)

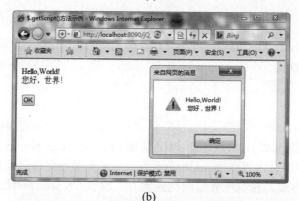

(b)

(c)

图 6-13　"$.getScript()方法示例"页面

主要步骤：

(1) 在站点的 jQ_06 目录中新建一个 HTML 页面 GetScript.html，并编写其代码。

```html
<html>
<head>
<meta http-equiv="Content-Type" content="text/html; charset=utf-8">
<title>$.getScript()方法示例</title>
<style type="text/css">
.hello{
    width:200px;
}
</style>
<script type="text/javascript" src="./jQuery/jquery.js"></script>
<script type="text/javascript">
    $(document).ready(function(){
        $("#OK").click(function(){
            $.getScript("HelloWorld.js",function(){
                $(".hello").css("backgroundColor","lightblue");
            })
        })
    })
</script>
</head>
<body>
<div class="hello">Hello,World!</div>
<div class="hello">您好，世界! </div>
<br>
<button id="OK">OK</button>
</body>
</html>
```

(2) 在站点的 jQ_06 目录中新建一个 js 文件 HelloWorld.js，并编写其代码。

```javascript
alert("Hello,World!\r\n 您好，世界! ");
```

运行方式：启动 Apache 服务器后，再打开浏览器，然后在地址栏中输入
"http://localhost:8090/jQ_06/GetScript.html"并按 Enter 键，即可打开如图 6-13(a)所示的
"$.getScript()方法示例"页面。

代码解析：

在本实例中，通过调用$.getScript()方法加载并执行 HelloWorld.js，并在其回调函数中
调用 css()方法将应用了 CCS 样式类 hello 的元素的背景颜色设置为浅蓝色。

6.2.5　使用$.getJSON()方法加载 JSON 数据

在 jQuery 中，可通过$.getJSON()全局方法加载 JSON 数据。JSON 是目前各种应用中
常见的一种数据格式，对于数据的传递十分有利，因此深受开发者的青睐。

$.getJSON()方法的语法格式为：

```
$.getJSON(url[,data][,callback])
```

其中，各个参数的用法与$.get()方法的相应参数相同。

【实例 6-6】使用 $.getJSON() 方法加载 JSON 文件。如图 6-14(a) 所示，为"$.getJSON()方法示例"页面 GetJSON.html，内含一个内容为空的<div>元素与一个 OK 按钮。单击 OK 按钮后，该<div>元素的内容便改变为相应的学生信息(而该学生信息是通过加载 JSON 文件 Student.json 获取的)，如图 6-14(b)所示。

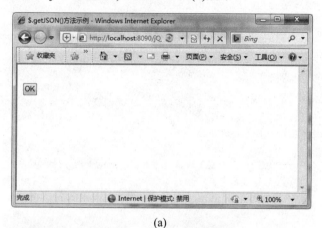

(a)

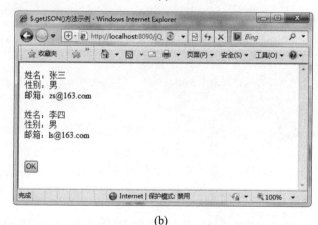

(b)

图 6-14 "$.getJSON()方法示例"页面

主要步骤：

(1) 在站点的 jQ_06 目录中新建一个 HTML 页面 GetJSON.html，并编写其代码。

```html
<html>
<head>
<meta http-equiv="Content-Type" content="text/html; charset=utf-8">
<title>$.getJSON()方法示例</title>
<script type="text/javascript" src="./jQuery/jquery.js"></script>
<script type="text/javascript">
$(document).ready(function(){
    $("#OK").click(function(){
        $.getJSON("Student.json",function(data){
            var htmlString = "";
```

```
        $.each(data,function(index,info){
            htmlString+="姓名: "+info['name']+"<br/>";
            htmlString+="性别: "+info['sex']+"<br/>";
            htmlString+="邮箱: "+info['email']+"<br/><br/>";
        })
        $("#message").html(htmlString);
    })
})
</script>
</head>
<body>
<div id="message"></div>
<br>
<button id="OK">OK</button>
</body>
</html>
```

(2) 在站点的 jQ_06 目录中新建一个 JSON 文件 Student.json，并编写其代码。

```
[
    {
        "name":"张三",
        "sex":"男",
        "email":"zs@163.com"
    },
    {
        "name":"李四",
        "sex":"男",
        "email":"ls@163.com"
    }
]
```

运行方式：启动 Apache 服务器后，再打开浏览器，然后在地址栏中输入"http://localhost:8090/jQ_06/GetJSON.html"并按 Enter 键，即可打开如图 6-14(a)所示的"$.getJSON()方法示例"页面。

代码解析：

(1) 在本实例中，Student.json 是一个 JSON 格式的数据文件。在 JSON 文件中，首尾用"["与"]"括起来，表示这是包含若干个对象的数组。其中，每个对象用"{"与"}"括起来，内含若干个以","隔开的""属性名":"属性值""对。在此，共有两个对象，每个对象的属性名有 3 个，即 name、sex 与 email。

(2) 在页面 GetJSON.html 中，通过调用$.getJSON()方法加载了 Student.json 文件中的 JSON 数据，并在其回调函数中调用$.each()方法对返回的数据(在此为 data)进行遍历以生成相应的结果字符串，然后显示到页面的<div>元素中(该元素的 id 为 message)。

(3) 对于$.each()方法来说，其回调函数的第 1 个参数(在此为 index)表示当前对象的索引号，第 2 个参数(在此为 info)则表示当前对象自身。这样，在回调函数中，利用第 2 个参数，即可进一步获取当前对象各个属性的值(在此分别为 info['name']、info['sex']与

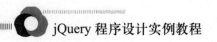

info['email'])。

6.2.6 使用$.ajax()方法发送请求

在 jQuery 中，还有一个功能更为强大的最底层的方法$.ajax()。该方法不仅可以实现 load()、$.get()、$.post()等全局方法的功能，而且可以关注请求过程中的更多细节。

$.ajax()方法的语法格式为：

```
$.ajax(options)
```

其中，options 为请求的有关设置，格式为{name1:value1, name2:value2, ...}。在此，name1、name2 等为设置项目的名称，value1、value2 等为相应设置项目的值。对于$.ajax()方法来说，常用的设置项目如表 6-3 所示。

表 6-3　$.ajax()方法的常用设置项目

名　称	说　明
async	请求是否以异步方式处理。其值为布尔值，若为 true(默认值)，则为异步方式，否则为同步方式
beforeSend	发送请求前执行的函数，其格式为 function(xhr){...}。其中，参数 xhr 为 XMLHttpRequest 对象
cache	浏览器是否缓存被请求页面。其值为布尔值，若为 true(默认值)，则缓存之，否则不缓存
complete	请求完成后执行的回调函数(在请求成功或失败时均执行，即在 success 或 error 函数之后执行)，其格式为 function(xhr,status){...}。其中，参数 xhr 为 XMLHttpRequest 对象，status 为请求状态字符串
contentType	发送数据到服务器时所使用的内容类型。默认为 application/x-www-form-urlencoded
context	为所有 Ajax 相关的回调函数指定的 this 值
data	发送到服务器的数据
dataFilter	处理原始响应数据的函数，其格式为 function(data,type){...}
dataType	预期的服务器响应的数据类型，包括 text(纯文本字符串)、html(HTML 代码)、xml(XML 文档)、Script(JavaScript 代码)、json(JSON 数据)等。未指定时，jQuery 将自动进行判断，并根据判断结果对服务器返回的数据进行解析，然后传递给回调函数
error	请求失败后执行的回调函数，其格式为 function(xhr,status,error){...}。其中，参数 xhr 为 XMLHttpRequest 对象，status 为请求状态字符串，error 为错误对象
global	是否响应全局 Ajax 事件(即是否为请求触发全局 Ajax 事件处理程序)。其值为布尔值，若为 true(默认值)，则响应，否则不响应
ifModified	是否仅在最后一次请求以来响应发生改变时才请求成功。其值为布尔值，默认为 false
password	在 HTTP 访问认证请求中使用的密码
processData	通过请求发送的数据是否转换为查询字符串。其值为布尔值，默认为 true
scriptCharset	请求所使用的字符集

名 称	说 明
success	请求成功后执行的回调函数，其格式为 function(data,status,xhr){...}。其中，参数 data 为服务器返回的数据，status 为请求状态字符串，xhr 为 XMLHttpRequest 对象
timeout	本地的请求超时时间(以毫秒为单位)。该设置将覆盖$.ajaxSetup()方法的全局设置
traditional	是否使用参数序列化的传统样式。其值为布尔值，默认为 true
type	发送请求的方式(post 或 get，默认为 get)
url	请求目标的 URL 地址(默认为当前页面)
username	在 HTTP 访问认证请求中使用的用户名
xhr	用于创建 XMLHttpRequest 对象的函数

【实例 6-7】使用$.ajax()方法请求数据。如图 6-15(a)所示，为"$.ajax()方法示例"页面 Ajax.html，内含一个表单与一个内容为空的<div>元素。输入用户名与留言内容后，再单击"提交"按钮，<div>元素的内容可在不刷新页面的情况下更新为所输入的用户名与留言内容(该内容是通过 PHP 页面 Get_Message.php 返回的)，如图 6-15(b)所示。

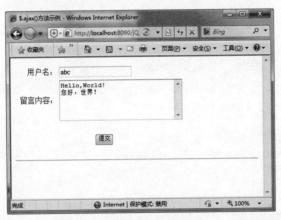

(a)

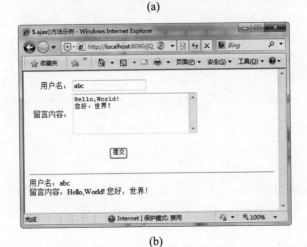

(b)

图 6-15 "$.ajax()方法示例"页面

主要步骤:

(1) 在站点的 jQ_06 目录中新建一个 HTML 页面 Ajax.html。

(2) 编写页面 Ajax.html 的代码。

```html
<html>
<head>
<meta http-equiv="Content-Type" content="text/html; charset=utf-8">
<title>$.ajax()方法示例</title>
<script type="text/javascript" src="./jQuery/jquery.js"></script>
<script type="text/javascript">
    $(document).ready(function(){
        $("#OK").click(function(){
            $.ajax({type:"GET",
            url:"Get_Message.php",
            data:{username:$("#username").val(),content:$("#content").val()},
            dataType:"json", success:function(data,status){
                $("#message").html("用户名："+data.username+"<br>留言内容:
                "+data.content);
            }
            });
        })
    })
</script>
</head>
<body>
<form name="form" action="">
<table width="380" border="0">
  <tr>
    <td align="right">用户名: </td>
    <td><input type="text" id="username"></td>
  </tr>
  <tr>
    <td align="right">留言内容: </td>
    <td><textarea cols="30" rows="5" id="content"></textarea></td>
  </tr>
  <tr>
    <td align="right"> </td>
    <td> </td>
  </tr>
  <tr>
    <td colspan="2" align="center"><input type="button" id="OK" value=
    "提交"></td>
  </tr>
</table>
</form>
<hr>
<div id="message"></div>
</body>
</html>
```

运行方式:启动 Apache 服务器后,再打开浏览器,然后在地址栏中输入 "http://localhost:8090/jQ_06/Ajax.html" 并按 Enter 键,即可打开如图 6-15(a)所示的

"$.ajax()方法示例"页面。

代码解析:

(1)　本实例所需要的 PHP 页面 Get_Message.php 与实例 6-3 中的相同。

(2)　在 Ajax.html 页面中,当文档就绪时,为"提交"按钮绑定单击事件处理函数,在该处理函数中,通过$.ajax()方法以 GET 方式发送对 PHP 页面 Get_Message.php 的异步请求,同时将当前所输入的用户名与留言内容作为 username 与 content 参数向该页面传递,并指定返回的响应数据为 JSON 格式。在响应数据成功返回时,将执行 success 回调函数,其功能为获取相应的用户与留言内容,并按一定的格式显示到页面的<div>元素中(该元素的 id 为 message)。

6.2.7　使用 serialize()方法序列化表单

在使用 jQuery Ajax 的有关方法发送请求时,如果需要传递的数据是通过表单输入的,而且数据的项目(也就是表单的元素)比较多,那么可以使用 serialize()方法对表单进行序列化,以简化有关的程序代码。其语法格式为:

```
serialize()
```

serialize()方法的功能是对表单或表单中的某些元素进行序列化,也就是根据表单元素的名称与值创建出一个相应的 URL 编码字符串。

例如,一个表单中有用户名与密码两个<input>元素,其 name 属性值为 username 与 password。在该表单中输入用户名 abc 与密码 123,然后调用 serialize()方法对其进行序列化,所得到的结果字符串为:

```
username=abc&password=123
```

【实例 6-8】使用 serialize()方法序列化表单。如图 6-16(a)所示,为"serialize()方法示例"页面 Serialize.html,内含一个表单与一个内容为空的<div>元素。输入用户名与留言内容后,再单击"提交"按钮,<div>元素的内容可在不刷新页面的情况下更新为所输入的用户名与留言内容(该内容是通过 PHP 页面 Post_Message.php 返回的),如图 6-16(b)所示。

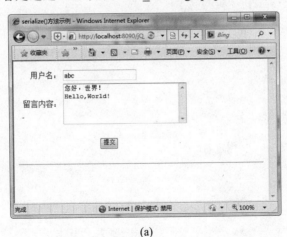

(a)

图 6-16　"serialize()方法示例"页面

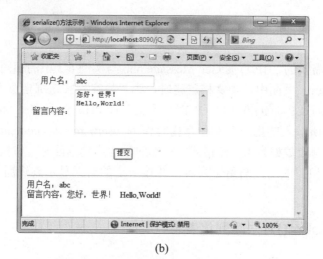

(b)

图 6-16 "serialize()方法示例"页面(续)

主要步骤:

(1) 在站点的 jQ_06 目录中新建一个 HTML 页面 Serialize.html。

(2) 编写页面 Serialize.html 的代码。

```html
<html>
<head>
<meta http-equiv="Content-Type" content="text/html; charset=utf-8">
<title>serialize()方法示例</title>
<script type="text/javascript" src="./jQuery/jquery.js"></script>
<script type="text/javascript">
    $(document).ready(function(){
        $("#OK").click(function(){
            $.post("Post_Message.php",$("#form").serialize(),
             function(data,status){
                $("#message").html("用户名: "+data.username+"<br>留言内容: "
                 +data.content);
            },"json");
        })
    })
</script>
</head>
<body>
<form id="form" action="">
<table width="380" border="0">
  <tr>
   <td align="right">用户名: </td>
   <td><input type="text" name="username"></td>
  </tr>
  <tr>
   <td align="right">留言内容: </td>
   <td><textarea cols="30" rows="5" name="content"></textarea></td>
  </tr>
  <tr>
```

```
  <td align="right"> </td>
  <td> </td>
 </tr>
 <tr>
  <td colspan="2" align="center"><input type="button" id="OK" value=
  "提交"></td>
  </tr>
</table>
</form>
<hr>
<div id="message"></div>
</body>
</html>
```

运行方式：启动 Apache 服务器后，再打开浏览器，然后在地址栏中输入"http://localhost:8090/jQ_06/Serialize.html"并按 Enter 键，即可打开如图 6-16(a)所示的"serialize()方法示例"页面。

代码解析：

(1) 本实例所需要的 PHP 页面 Post_Message.php 与实例 6-4 中的相同。

(2) 在 Serialize.html 页面中，当文档就绪时，为"提交"按钮绑定单击事件处理函数，在该处理函数中，通过$.post()方法发送对 PHP 页面 Post_Message.php 的异步请求，同时将使用 serialize()方法对当前表单序列化后所得到的字符串作为数据向该页面传递(该字符串内含 username 与 content 两个参数，其值为当前所输入的用户名与留言内容)，并指定返回的响应数据为 JSON 格式。在响应数据成功返回时，将执行$.post()方法的回调函数，其功能为获取相应的用户与留言内容，并按一定的格式显示到页面的<div>元素中(该元素的 id 为 message)。

6.2.8　使用 Ajax 事件监控请求

在 jQuery 中，共有 6 个 Ajax 事件，即 ajaxComplete、ajaxError、ajaxSend、ajaxStart、ajaxStop 与 ajaxSuccess。通过利用相应的 Ajax 事件，可对 Ajax 请求的处理过程或运行状态进行适当的监控。

为绑定 Ajax 事件，只需以事件处理函数作为参数调用相应的 Ajax 事件方法即可。如表 6-4 所示，即为 jQuery 所提供的 Ajax 事件方法及说明。

表 6-4　Ajax 事件方法及说明

方　　法	说　　明
ajaxComplete(function(event,xhr,options))	指定 Ajax 请求完成时执行的函数。其中，参数 event 为事件对象，xhr 为 XMLHttpRequest 对象，options 则为 Ajax 请求中所使用的选项
ajaxError(function(event,xhr,options,exc))	指定 Ajax 请求失败时执行的函数。其中，参数 event、xhr、options 与 ajaxComplete()方法中的相同，而 exc 则为捕捉到的错误对象

方　法	说　明
ajaxSend(function(event,xhr,options))	指定 Ajax 请求即将发送时执行的函数。其中，参数 event、xhr、options 与 ajaxComplete()方法中的相同
ajaxStart(function())	指定第一个 Ajax 请求开始时执行的函数
ajaxStop(function())	指定所有的 Ajax 请求完成时执行的函数
ajaxSuccess(function(event,xhr,options,exc))	指定 Ajax 请求成功时执行的函数。其中，参数 event、xhr、options 与 ajaxComplete()方法中的相同，而 exc 则为捕捉到的错误对象

说明： 与 ajaxSuccess()不同，通过 ajaxComplete()方法指定的函数将在请求完成时执行(即使该请求并未成功)。

注意： 自 jQuery 1.8 版本起，各个 Ajax 事件只能绑定到文档对象上。

【实例 6-9】使用 ajaxStart 与 ajaxStop 全局事件添加提示信息。如图 6-17(a)所示，为 "ajax 事件应用示例"页面 AjaxEvent.html，内含一个表单与一个内容为空的<div>元素。输入用户名与留言内容后，再单击"提交"按钮，将在页面中显示"正在发送请求…"的信息，如图 6-17(b)所示。稍等片刻，该信息便更新为"数据获取成功！"，并以上滑的方式隐藏。与此同时，<div>元素的内容可在不刷新页面的情况下更新为所输入的用户名与留言内容(该内容是通过 PHP 页面 Post_Message.php 返回的)，如图 6-17(c)所示。

主要步骤：

(1) 在站点的 jQ_06 目录中新建一个 HTML 页面 AjaxEvent.html。

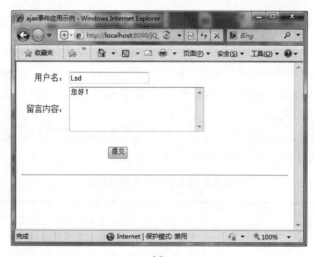

(a)

图 6-17　"ajax 事件应用示例"页面

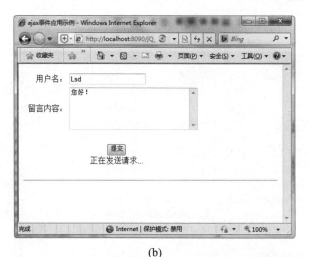

(b)

(c)

图 6-17　"ajax 事件应用示例"页面(续)

(2)　编写页面 AjaxEvent.html 的代码。

```html
<html>
<head>
<meta http-equiv="Content-Type" content="text/html; charset=utf-8">
<title>ajax 事件应用示例</title>
<script type="text/javascript" src="./jQuery/jquery.js"></script>
<script type="text/javascript">
    $(document).ready(function(){
        $(document).ajaxStart(function(){
            $("#procinfo").html("正在发送请求...").show();
        })
        $(document).ajaxStop(function(){
            $("#procinfo").html("数据获取成功!").slideUp(1000);
        })
        $("#OK").click(function(){
    $.post("Post_Message.php",$("#form").serialize(),function(data,status){
```

```
                $("#message").html("用户名: "+data.username+"<br>留言内容: "
                    +data.content);
            },"json");
        })
    })
</script>
</head>
<body>
<form id="form" action="">
<table width="380" border="0">
  <tr>
    <td align="right">用户名: </td>
    <td><input type="text" name="username"></td>
  </tr>
  <tr>
    <td align="right">留言内容: </td>
    <td><textarea cols="30" rows="5" name="content"></textarea></td>
  </tr>
  <tr>
    <td align="right"> </td>
    <td> </td>
  </tr>
  <tr>
    <td colspan="2" align="center">
    <input type="button" id="OK" value="提交">
    <br>
    <div id="procinfo" style="display:none"></div>
    </td>
    </tr>
</table>
</form>
<hr>
<div id="message"></div>
</body>
</html>
```

运行方式: 启动 Apache 服务器后, 再打开浏览器, 然后在地址栏中输入 "http://localhost:8090/jQ_06/AjaxEvent.html" 并按 Enter 键, 即可打开如图 6-17(a)所示的 "ajax 事件应用示例" 页面。

代码解析:

(1) 本实例所需要的 PHP 页面 Post_Message.php 与实例 6-4 中的相同。

(2) 在 AjaxEvent.html 页面中, id 为 procinfo 的<div>元素用于显示有关的提示信息。

(3) 在 AjaxEvent.html 页面中, 当文档就绪时, 通过 ajaxStart()方法为文档对象 $(document)绑定 ajaxStart 事件处理函数, 其功能为在第一个 Ajax 请求开始时设置提示信息 "正在发送请求" 并显示之; 通过调用 ajaxStop()方法为文档对象$(document) 绑定 ajaxStop 事件处理函数, 其功能为在所有的 Ajax 请求完成时将提示信息更改为 "数据获取成功!" 并以上滑的方式逐渐隐藏之; 通过调用 click()方法为 "提交" 按钮绑定单击事件处理函数, 其功能与实例 6-8 中的相同。

6.3　jQuery Ajax 应用实例

下面通过一个具体的实例，简要说明 jQuery Ajax 技术在实际开发中的应用方式。

【实例 6-10】使用 Ajax 实现留言板的即时更新功能。如图 6-18(a)所示，为"留言板"页面 Message.html，内含一个表单与一个内容为空的<div>元素。输入姓名、邮箱、标题与内容后，再单击"提交"按钮，即可在不刷新页面的情况下将当前所输入的信息添加到该<div>元素中(添加的信息是通过 PHP 页面 Message.php 返回的)，如图 6-18(b)所示。

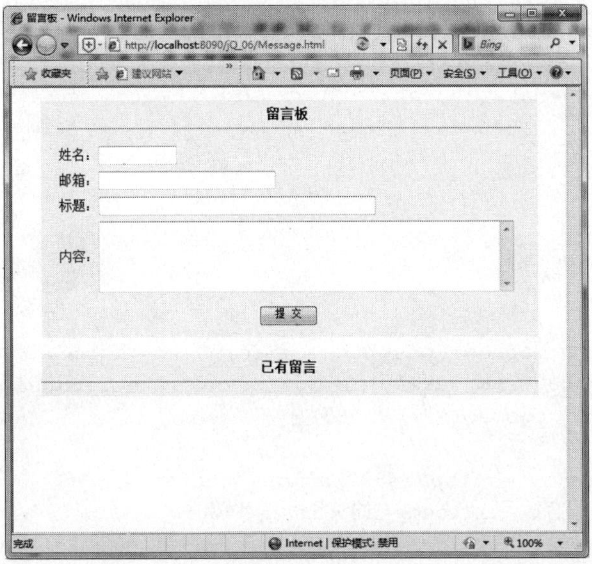

(a)

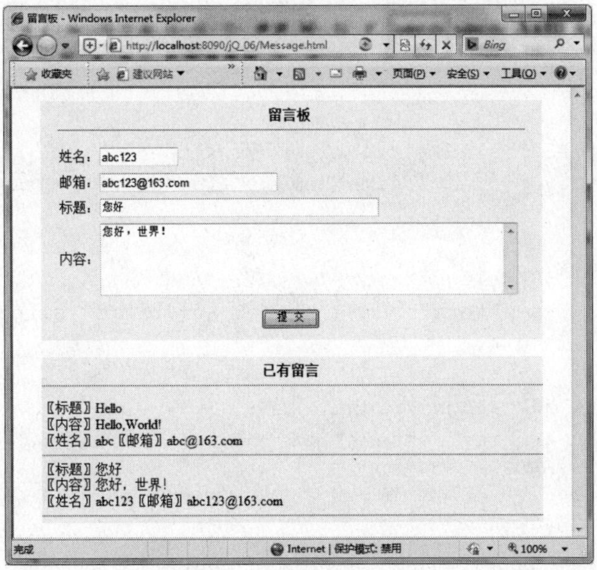

(b)

图 6-18　"留言板"页面

主要步骤：

(1) 在站点的 jQ_06 目录中新建一个 HTML 页面 Message.html，并编写其代码。

```html
<html>
<head>
<meta http-equiv="Content-Type" content="text/html; charset=utf-8">
<title>留言板</title>
<script type="text/javascript" src="./jQuery/jquery.js"></script>
<script type="text/javascript">
$(document).ready(function(){
    $("#OK").click(function(){
        $.post("Message.php",$("#form").serialize(),function(data){
            $("#message").append("〖标题〗"+data.title+"<br/>〖内容〗"
                +data.content+"<br/>〖姓名〗"+data.name+"〖邮箱〗"
                +data.email+"<hr>");
        },"json");
    })
})
</script>
</head>
<body>
<form action="" method="post" name="form" id="form">
<table width="600" border="0" align="center" cellpadding="0"
cellspacing="0" bgcolor="#F9F9F9">
  <tr>
    <td height="50" colspan="2" align="center">
    <strong>留言板</strong><hr width="560">
    </td>
  </tr>
  <tr>
    <td width="70" height="30" align="right">姓名：</td>
    <td><input type="text" name="name" id="name" size="10"></td>
  </tr>
  <tr>
    <td height="30" align="right" >邮箱：</td>
    <td><input type="text" name="email" id="email" size="30"></td>
  </tr>
  <tr>
    <td height="30" align="right" >标题：</td>
    <td><input type="text" name="title" id="title" size="50"></td>
  </tr>
  <tr>
    <td height="90" align="right">内容：</td>
    <td><textarea name="content" id="content" cols="60" rows="5" >
      </textarea></td>
  </tr>
  <tr>
    <td height="50" colspan="2" align="center">
    <input type="button" name="OK" id="OK" value=" 提 交 ">
    </td>
```

```
    </tr>
</table>
</form>
<table width="600" border="0" align="center" cellpadding="0"
   cellspacing="0" bgcolor="#F9F9F9">
 <tr>
   <td height="50" align="center">
    <strong>已有留言</strong><hr>
   </td>
 </tr>
 <tr>
   <td>
    <div id="message"></div>
   </td>
 </tr>
</table>
</body>
</html>
```

(2)　在站点的 jQ_06 目录中新建一个 PHP 页面 Message.php，并编写其代码。

```
<?php
    if(!empty($_POST['name']) && !empty($_POST['email'])
      && !empty($_POST['title']) && !empty($_POST['content'])){
       $name = $_POST['name'];
       $email = $_POST['email'];
       $title = $_POST['title'];
       $content = $_POST['content'];
       $dataArray = array("name"=>$name,"email"=>$email,"title"=>$title,
           "content"=>$content);
       $jsonString = json_encode($dataArray);
       echo $jsonString;
    }
?>
```

运行方式：启动 Apache 服务器后，再打开浏览器，然后在地址栏中输入
"http://localhost:8090/jQ_06/Message.html" 并按 Enter 键，即可打开如图 6-18(a)所示的
"留言板" 页面。

本 章 小 结

本章简要地介绍了 Ajax 的基本概念、应用模式与运行环境，并通过具体实例讲解了
Ajax 的基本编程技术与 jQuery 的各种 Ajax 应用技术。通过本章的学习，应了解 Ajax 技术
的应用需求，熟知 Ajax 的运行环境及其编程的基础知识，掌握 jQuery 所提供的各种 Ajax
应用技术，并能灵活运用 jQuery Ajax 技术提升 Web 应用的性能及其用户体验。

思 考 题

1. Ajax 是什么？其主要技术有哪些？

2. 简述 Ajax 应用模式的优点。

3. 简述 Ajax 运行环境的安装、配置与使用方法(以 XAMPP 2016 为例)。

4. 如何创建 XMLHttpRequest 对象？

5. XMLHttpRequest 对象的常用方法与属性有哪些？

6. 简述 Ajax 的请求与响应过程。

7. 常用的 jQuery Ajax 方法有哪些？

8. 简述 jQuery 的 load()方法的功能及其使用要点。

9. 简述 jQuery 的$.get()方法与$.post()方法的功能及其使用要点。

10. 简述 jQuery 的$.getScript()方法与$.getJSON()方法的功能及其使用要点。

11. 简述 jQuery 的$.ajax()方法的功能及其使用要点。

12. jQuery 的 serialize()方法有何作用？

13. jQuery 的 Ajax 事件有哪些？如何进行绑定？

第 7 章

jQuery 插件

jQuery 插件种类繁多、功能各异，但均以 jQuery 为基础。在各类 Web 应用的开发中，可根据需要选用 jQuery 插件，以更好地实现相关的具体功能。

本章要点：

jQuery UI 插件；jQuery EasyUI 插件；第三方 jQuery 插件。

学习目标：

了解 jQuery UI 插件、jQuery EasyUI 插件与第三方 jQuery 插件，掌握常用 jQuery 插件的基本用法。

7.1 jQuery 插件简介

jQuery 插件是一种建立在 jQuery 之上的用以提高网站开发效率与实现效果的 JavaScript 脚本库。适当使用 jQuery 插件，有利于创建交互性更强、操作性更好、界面更加美观的 Web 应用。

jQuery 插件为数众多，应用十分广泛。总体来说，jQuery 插件的主要特点如下。

(1) 界面美观。

(2) 集成度高，使用十分方便。

(3) 扩展性强，可根据需要进行修改。

目前，常用的 jQuery 插件有 jQuery UI 插件、jQuery EasyUI 插件以及各种第三方 jQuery 插件。

7.2 jQuery UI 插件

7.2.1 jQuery UI 简介

jQuery UI 是 jQuery 开发团队自己开发的以 jQuery 为基础的开源的 UI 插件库，由 jQuery 官方负责维护。在 jQuery UI 中，包含一系列 UI 设计方面的插件，主要包括折叠面板(Accordion)、自动完成(Autocomplete)、按钮(Button)、日期选择器(Datepicker)、对话框(Dialog)、菜单(Menu)、进度条(Progressbar)、滑块(Slider)、旋转器(Spinner)、标签页(Tabs)与工具提示框(Tooltip)等。

jQuery UI 插件源自 jQuery，便于与 jQuery 整合，并具有开源免费、简单易用、广泛兼容、轻便快捷、美观多变等优点，因此其应用是十分广泛的。

> 📝 **说明：** jQuery UI 与 jQuery 既有区别，又有联系。jQuery 是一个 JavaScript 库，主要提供选择器、元素操作、事件处理与 Ajax 交互等功能。而 jQuery UI 则是以 jQuery 为设计基础的插件库，提供了一些常用的界面元素，如折叠面板、对话框、标签页等。

7.2.2 jQuery UI 的下载

jQuery UI(包括其最新版本及此前的有关版本)可从其官方网站(http://jqueryui.com)或其

他相关网站下载。如图 7-1 所示，为 jQuery UI 官方网站的首页。单击右侧的 Stable 按钮，可直接下载 jQuery UI 的最新稳定版本(在此为 1.12.1)。此外，也可单击导航栏中的 Download 超链接或右侧的 Custom Download 按钮，打开如图 7-2 所示的 Download Builder 页面，以便进行定制下载。在此页面中，可根据需要选择相应的 jQuery UI 版本以及所需要的组件与主题，然后单击 Download 按钮进行下载。若单击此页面上方的 All jQuery UI Downloads 链接，则可进一步打开如图 7-3 所示的 All jQuery UI Downloads 页面。在此页面中，提供了所有已发布的 jQuery UI 版本的下载超链接。

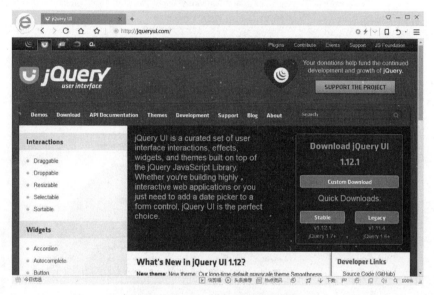

图 7-1　jQuery UI 官方网站首页

(a)

图 7-2　Download Builder 页面

图 7-2 Download Builder 页面(续)

　　jQuery UI 下载成功后，得到的是一个相应的 zip 文件。在此，直接下载 jQuery UI 的最新稳定版本——jQuery UI 1.12.1，相应的 zip 文件为 jquery-ui-1.12.1.zip。

💡 **注意：**　jQuery UI 1.12.1 所要求的 jQuery 版本为 1.7 及以上。

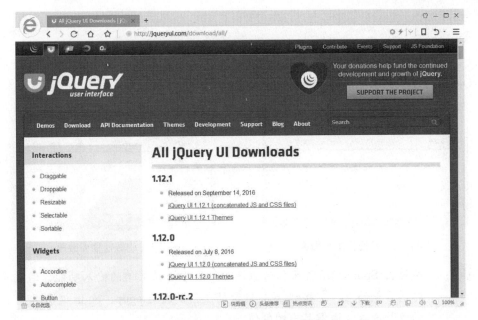

图 7-3 All jQuery UI Downloads 页面

7.2.3 jQuery UI 的使用

使用 jQuery UI 的基本方法如下(以 jquery-ui-1.12.1.zip 为例)。

(1) 解压 zip 文件 jquery-ui-1.12.1.zip,生成文件夹 jquery-ui-1.12.1。在该文件夹内,包含 jQuery UI 插件库的有关文件与文件夹。

(2) 将文件夹 jquery-ui-1.12.1 复制到站点目录中,并将其重命名为 jquery-ui,以便于引用其中的有关文件。

(3) 在需使用 jQuery UI 插件的页面的头部(即 HTML 文档的<head>区域),添加对 jquery-ui 文件夹内 jquery-ui.css、external/jquery/jquery.js 与 jquery-ui.js 文件的引用。假定页面在站点目录中,则相应的代码为:

```
<link rel="stylesheet" href="jquery-ui/jquery-ui.css" />
<script type="text/javascript" src="jquery-ui/external/jquery/jquery.js"></script>
<script type="text/javascript" src="jquery-ui/jquery-ui.js"></script>
```

(4) 在网页中编写有关代码,以添加所需要的 jQuery UI 插件。

例如,要在页面中添加一个旋转器(Spinner)插件,需分别编写相应的 HTML 代码与 jQuery 程序代码。其中,HTML 代码如下:

```
<input name="mySpinner" type="text" id="mySpinner" value="0" size="3" maxlength="3">
```

jQuery 程序代码如下:

```
<script type="text/javascript">
  $(document).ready(function(){
    $("#mySpinner").spinner();
```

```
  });
</script>
```

以上 HTML 代码的作用是在页面中添加一个普通的文本框，其效果如图 7-4 所示。待执行 jQuery 程序代码安装旋转器插件后，效果如图 7-5 所示。

图 7-4　普通文本框效果

图 7-5　旋转器插件效果

> **说明：** 旋转器(Spinner)通常又称为微调器，用于增强数值的输入功能。通过单击旋转器右侧的上、下按钮(或按键盘的↑、↓键与 pgup、pgdn 键)，即可按一定的步长递减、递增其中的数值。

7.2.4　jQuery UI 的应用基础

jQuery UI 包含许多支持状态维护的插件，其使用方式与典型的 jQuery 插件略有不同。不过，jQuery UI 的各种插件均提供了类似的 API，因此只要掌握其中某个插件的用法，即可知晓如何使用其他的插件。在此，以旋转器(Spinner)插件为例，简要说明 jQuery UI 插件的基本用法。

1．安装插件

要在页面中安装插件，只需在相应的元素上调用插件的初始化方法即可。对于 jQuery UI 插件来说，其初始化方法与插件名相同。例如，安装旋转器插件的典型代码如下：

```
$("#mySpinner").spinner();
```

其中，mySpinner 为元素的 id，spinner()则为旋转器插件初始化方法。

在安装插件时，还可以根据需要设置相应的选项，以指定插件的有关状态。例如：

```
$("#mySpinner").spinner({min:0,max:100,step:1});
```

在此，设置了 3 个选项，分别指定最小值、最大值与步长值为 0、100 与 1。

2．调用方法

插件安装成功后，即可根据需要对其状态进行查询，或在其上执行相应的操作。为此，只需调用相应的方法即可。

为在 jQuery UI 插件上调用一个方法，可向插件传递相应的方法名称。例如，为获取旋转器插件的当前值，只需调用其 value 方法即可，代码如下：

```
$("#mySpinner").spinner("value");
```

若要向所调用的方法传递参数，则可在方法名称后加以指定。例如，为将旋转器插件的值设置为 0，只需调用其 value 方法并指定参数 0 即可，代码如下：

```
$("#mySpinner").spinner("value",0);
```

与 jQuery 中的许多方法一样，大部分插件方法均返回相应的 jQuery 对象。正因为如此，可通过链式操作连续调用有关的方法。例如：

```
$("#mySpinner").spinner("value",0).css("background-color","red");
```

每个 jQuery UI 插件都有一套用于实现有关功能的方法，其中有些方法是所有插件共有的，主要包括 option、disable、enable、destroy 等。

1)　option 方法

option 方法用于获取或设置插件选项的值。例如，可通过调用 option 方法获取旋转器插件的最小值，代码如下：

```
$("#mySpinner").spinner( "option","min");
```

反之，也可通过调用 option 方法将旋转器插件的最小值设置为-100，代码如下：

```
$("#mySpinner").spinner( "option","min",-100);
```

必要时，可通过给 option 方法传递一个对象，以同时设置多个选项。例如：

```
$("#mySpinner").spinner( "option",{
    min: -200,        //最小值为-200
    max: 200,         //最大值为200
    step: 10          //步长为10
});
```

在此，一次性将旋转器插件的最小值、最大值与步长值分别设置为-200、200 与 10。

2)　disable 方法

disable 方法用于禁用插件。例如，可通过调用 disable 方法禁用旋转器插件，代码如下：

```
$("#mySpinner").spinner("disable");
```

说明：　调用插件的 disable 方法等同于将插件的 disabled 选项设置为 true。

3)　enable 方法

enable 方法用于启用插件。例如，可通过调用 enable 方法启用旋转器插件，代码如下：

```
$("#mySpinner").spinner("enable");
```

说明：　调用插件的 enable 方法等同于将插件的 disabled 选项设置为 false。

4)　destroy 方法

destroy 方法用于销毁插件。例如，可通过调用 destroy 方法销毁旋转器插件，代码如下：

```
$("#mySpinner").spinner("destroy");
```

注意：　销毁插件意味着插件生命周期的终止，相应的元素亦将恢复为其原始状态。插件一旦被销毁，除非再次安装之，否则将无法在该插件上调用任何方法。

3．绑定事件

各种 jQuery UI 插件均有与其行为相关的事件。通过绑定插件事件并为其指定事件处理函数，可在相应事件被触发时自动执行所设定的有关操作。例如：

```
$("#mySpinner").bind("spin",function(event,ui){
    if (Math.abs(ui.value)%2==0)
        $(this).css("background-color","red");
    else
        $(this).css("background-color","blue");
});
```

在此，绑定了旋转器插件的 spin 事件，并指定了相应的事件处理函数。spin 事件为递减/递增事件，在单击旋转器右侧的上、下按钮(或按键盘的上、下方向键与上、下翻页键)改变输入值时被触发。在其事件处理函数中，event 表示事件对象，ui 表示触发此事件的控件。该事件处理函数的功能是当旋转器的值(通过 ui.value 获取)为偶数时将其背景颜色设置为红色，为奇数时则设置为蓝色。

其实，jQuery UI 插件的每个事件都有一个相应的作为选项呈现的回调函数。因此，为响应插件的事件，也可通过为相应的事件选项指定回调函数来实现。例如：

```
$("#mySpinner").spinner( "option",{
  spin:function(event,ui){
    if (Math.abs(ui.value)%2==0)
      $(this).css("background-color","red");
    else
      $(this).css("background-color","blue");
  }
});
```

在此，为旋转器插件的 spin 选项指定了回调函数，其作用等同于绑定 spin 事件并指定其处理函数。

7.2.5 jQuery UI 的应用实例

作为一个插件库，jQuery UI 包含一系列的 UI 插件。关于 jQuery UI 插件的具体用法，可参阅其使用手册或有关资料。在此，仅通过几个简单的应用实例，说明使用 jQuery UI 插件的基本方式。

1. Accordion 插件

Accordion 插件用于创建折叠面板。使用折叠面板，可在一个有限的空间内以可折叠的方式显示多组内容。一般情况下，通过单击折叠面板内的组标题，即可展开该组内容，而将其他各组折叠起来。

为创建折叠面板，需要若干对"标题"与"内容"元素。例如：

```
<div id="accordion">
    <h3>title1</h3>
    <div> content1 </div>
    <h3> title2</h3>
```

```
    <div> content2 </div>
    <h3> title3</h3>
    <div> content3 </div>
    </div>
</div>
```

在此，拟为 id 为 accordion 的<div>元素创建折叠面板。在该<div>元素中，包含 3 对<h3>元素与<div>元素。其中，前者作为"标题"元素使用，后者作为"内容"元素使用。

【**实例 7-1**】使用 Accordion 插件实现一个折叠面板，且默认其第一个面板为展开状态。如图 7-6(a)所示，为"折叠面板(Accordion)插件示例"页面 Accordion.html 的初始状态，其中"北京"面板处于展开状态。单击折叠面板中的标题，则可展开相应的面板，并将其他面板折叠起来。如图 7-6(b)、(c)所示，分别为"上海"面板、"广州"面板展开的情形。

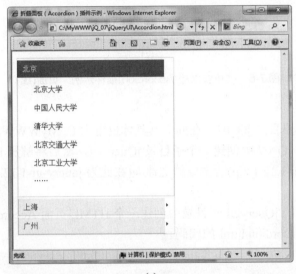

(a)

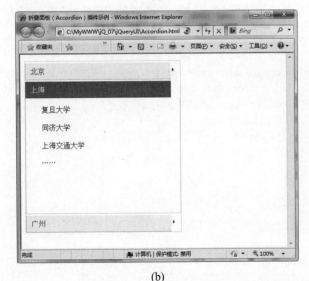

(b)

图 7-6　"折叠面板(Accordion)插件示例"页面

(c)

图 7-6 "折叠面板(Accordion)插件示例"页面(续)

设计步骤：

(1) 创建一个站点目录 jQ_07。在此，其具体位置为 C:\MyWWW\jQ_07。

(2) 在站点目录 jQ_07 中创建一个子目录 jQueryUI，然后将解压 jQuery UI 插件库 zip 文件(在此为 jquery-ui-1.12.1.zip)所生成的文件夹(在此为 jquery-ui-1.12.1)置于其中，并重命名为 jquery-ui。

(3) 在站点目录的 jQueryUI 子目录中创建一个 HTML 页面 Accordion.html。

(4) 编写页面 Accordion.html 的代码。

```html
<html>
<head>
<meta http-equiv="Content-Type" content="text/html; charset=utf-8" />
<link rel="stylesheet" href="jquery-ui/jquery-ui.css" />
<script type="text/javascript" src="jquery-
ui/external/jquery/jquery.js"></script>
<script type="text/javascript" src="jquery-ui/jquery-ui.js"></script>
<title>折叠面板(Accordion)插件示例</title>
<script type="text/javascript">
  $(document).ready(function(){
    $("#accordion").accordion({
      heightStyle: "fill",
      active: 0
    });
  });
</script>
</head>
<body>
<div class="ui-widget-content" style="width:350px;">
<div id="accordion">
<h3>北京</h3>
```

```
<div>
<p>北京大学</p>
<p>中国人民大学</p>
<p>清华大学</p>
<p>北京交通大学</p>
<p>北京工业大学</p>
<p>…</p>
</div>
<h3>上海</h3>
<div>
<p>复旦大学</p>
<p>同济大学</p>
<p>上海交通大学</p>
<p>…</p>
</div>
<h3>广州</h3>
<div>
<p>中山大学</p>
<p>暨南大学</p>
<p>华南理工大学</p>
<p>…</p>
</div>
</div>
</div>
</body>
</html>
```

代码解析：

在本实例中，当文档就绪时，调用 accordion()方法为 id 为 accordion 的<div>元素安装 Accordion 插件。其中，heightStyle 选项用于设置折叠面板的高度样式(在此为 fill)，active 选项用于指定当前所要打开的面板的索引值(在此为 0，表示第一个面板)。

2. Autocomplete 插件

Autocomplete 插件用于实现自动完成功能，即根据用户的输入自动在一组选项中进行搜索或过滤，以便让用户从动态更新的列表中快速找到所需要的选项。例如，当用户输入"中"字时，可供选择的选项都包含"中"字。此时，若用户再输入"国"字，则可供选择的选项便自动更新为包含"中国"两个字。

Autocomplete 插件所能处理的选项来自为其设定的数据源。作为数据源，可以是预先准备好的一个数组或字符串，也可以是用于动态获取所需数据的一个函数。

【实例 7-2】使用 Autocomplete 插件实现根据用户的输入动态显示相应查询列表的功能。如图 7-7(a)所示，为用 Google Chrome 浏览器打开的"自动完成(Autocomplete)插件示例"页面 Autocomplete.html。其中，用户的输入为"P"，相应的查询列表由包含"P"的项目构成。当用户的输入变为"P3"时，相应的查询列表亦改变为包含"P3"的项目，如图 7-7(b)所示。

(a)   (b)

图 7-7   "自动完成(Autocomplete)插件示例"页面

设计步骤:

(1) 在站点目录的 jQueryUI 子目录中创建一个 HTML 页面 Autocomplete.html。

(2) 编写页面 Autocomplete.html 的代码。

```html
<html>
<head>
<meta http-equiv="Content-Type" content="text/html; charset=utf-8" />
<link rel="stylesheet" href="jquery-ui/jquery-ui.css" />
<script type="text/javascript" src="jquery-
ui/external/jquery/jquery.js"></script>
<script type="text/javascript" src="jquery-ui/jquery-ui.js"></script>
<title>自动完成(Autocomplete)插件示例</title>
<style>
  .ui-autocomplete {
    max-height: 120px;
    overflow-y: auto;
    overflow-x: hidden;   /*隐藏水平滚动条*/
  }
</style>
<script type="text/javascript">
  $(document).ready(function(){
    var keys = [
      "华为 P30 Pro",
      "华为 P30",
      "华为 P20 Pro",
      "华为 P20",
      "华为 P10 Plus",
      "华为 P10",
      "华为 P9 Plus",
      "华为 P9",
      "华为 Mate X",
      "华为 Mate30 Pro",
      "华为 Mate30",
      "华为 Mate 20 Pro",
      "华为 Mate 20",
```

```
      "华为 Mate 10 Pro",
      "华为 Mate 10",
      "华为 Mate 9 Pro",
      "华为 Mate 9",
      "iPhone X",
      "iPhone 8 Plus",
      "iPhone 8",
      "iPhone 7 Plus",
      "iPhone 7",
      "iPhone SE",
      "iPhone 6S Plus",
      "iPhone 6S",
      "iPhone 6 Plus",
      "iPhone 6"
    ];
    $("#key").autocomplete({
      source: keys
    });
  });
</script>
</head>
<body>
<div>
查询关键字:
<input name="key" type="text" id="key">
</div>
</body>
</html>
```

代码解析:

(1) 在本实例中,当文档就绪时,先创建一个内容为一系列选项值的数组 keys,然后调用 autocomplete()方法为 id 为 key 的<input>元素安装 Autocomplete 插件。其中,source 选项用于设置数据源(在此为数组 keys)。

(2) 页面中定义了一个 CSS 样式类 ui-autocomplete。该样式类用于自定义匹配列表的显示样式。

3. Button 插件

Button 插件用于创建带有适当悬停与激活样式的按钮。常在其上安装 Button 插件的元素主要包括<button>元素、<a>元素与 type 为 submit 或 reset 的<input>元素等。

【实例 7-3】使用 Button 插件实现各种不同的按钮。如图 7-8 所示,为"按钮(Button)插件示例"页面 Button.html,其中包含普通按钮、链接按钮与提交按钮。

设计步骤:

(1) 在站点目录的 jQueryUI 子目录中创建一个 HTML 页面 Button.html。

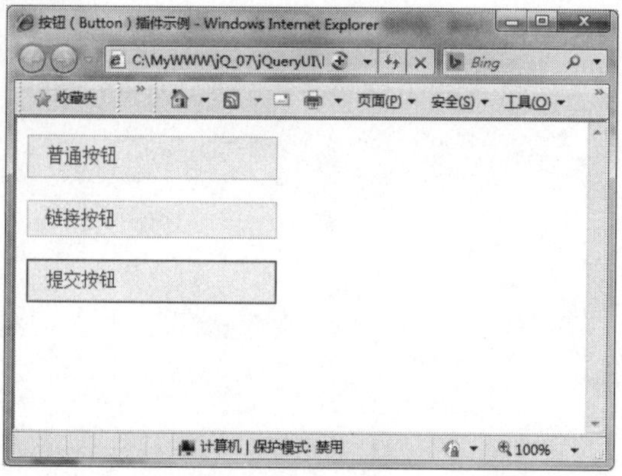

图 7-8　"按钮(Button)插件示例"页面

(2)　编写页面 Button.html 的代码。

```html
<html>
<head>
<meta http-equiv="Content-Type" content="text/html; charset=utf-8" />
<link rel="stylesheet" href="jquery-ui/jquery-ui.css" />
<script type="text/javascript" src="jquery-
ui/external/jquery/jquery.js"></script>
<script type="text/javascript" src="jquery-ui/jquery-ui.js"></script>
<title>按钮(Button)插件示例</title>
<script type="text/javascript">
  $(document).ready(function(){
    $("input[type=submit], a, button")
      .button()
      .click(function( event ){
       event.preventDefault();
      });
  });
</script>
</head>
<body>
<button>普通按钮</button><br><br>
<a href="#" >链接按钮</a><br><br>
<input type="submit" value="提交按钮">
</body>
</html>
```

代码解析：

在本实例中，当文档就绪时，先调用 button()方法为 type 为 submit 的<input>元素、<a>元素与<button>元素安装 Button 插件，然后调用 click()方法为其绑定单击事件处理函数(其功能为阻止浏览器的默认操作)。

4. Datepicker 插件

Datepicker 插件用于创建日期选择器，以便从中选定日期。在日期选择器中，可按一定的方式显示某年某月的日历，并可前后查看，使用起来非常方便。更为关键的是，与直接输入日期相比，通过日期选择器选定日期，可绝对保证日期数据的正确性。

【实例 7-4】使用 Datepicker 插件实现日期的选择与格式化。如图 7-9(a)所示，为"日期选择器(Datepicker)插件示例"页面 Datepicker.html 的初始状态。当"日期"文本框获得焦点时，将自动打开两个月的日历，如图 7-9(b)所示。当用户从日历中选定日期后，日历便自动消失，而所选日期则显示在"日期"文本框，如图 7-9(c)所示。若通过"格式"下拉列表框选择其他的日期格式，则"日期"文本框中的日期也会自动改变为相应的格式，如图 7-9(d)所示。

设计步骤：

(1)　在站点目录的 jQuery UI 子目录中创建一个 HTML 页面 Datepicker.html。

(a)

(b)

图 7-9　"日期选择器(Datepicker)插件示例"页面

(c)

(d)

图 7-9 "日期选择器(Datepicker)插件示例"页面(续)

(2) 编写页面 Datepicker.html 的代码。

```
<html>
<head>
<meta http-equiv="Content-Type" content="text/html; charset=utf-8" />
<link rel="stylesheet" href="jquery-ui/jquery-ui.css" />
<script type="text/javascript" src="jquery-
ui/external/jquery/jquery.js"></script>
<script type="text/javascript" src="jquery-ui/jquery-ui.js"></script>
<title>日期选择器(Datepicker)插件示例</title>
<script type="text/javascript">
```

```
  $(document).ready(function(){
   $("#date").datepicker({
    showButtonPanel: true,
    numberOfMonths: 2,
    changeMonth: true,
    changeYear: true,
    showWeek: true,
    firstDay: 7,
    dateFormat: $("#format").val()
   });
   $("#format").change(function() {
    $("#date").datepicker("option", "dateFormat", $(this).val());
   });
  });
</script>
</head>
<body>
<p>
格式:
<select name="format" id="format">
<option value="yy-mm-dd">yyyy-mm-dd</option>
<option value="mm/dd/yy">mm/dd/yyyy</option>
<option value="d M, y">短日期(d M, y)</option>
<option value="DD, d MM, yy">长日期(DD, d MM, yy)</option>
</select>
</p>
<p>
日期: <input name="date" type="text" id="date" size="25">
</p>
</body>
</html>
```

代码解析：

(1)　在本实例中，当文档就绪时，调用 datepicker()方法为 id 为 date 的文本框安装 Datepicker 插件，从而创建相应的日期选择器。其中，选项 showButtonPanel 用于指定在日期选择器中是否显示按钮面板(在此为 true，表示显示)，numberOfMonths 用于指定在日期选择器中显示日历的月份数(在此为 2，表示显示两个月的日历)，changeMonth 与 changeYear 选项用于指定是否显示月份与年份下拉列表框(在此为 true，表示显示)，showWeek 用于指定是否显示一年中星期的序号(在此为 true，表示显示)，firstDay 用于指定一个星期第一天的序号(在此为 7，表示星期天)，dateFormat 用于指定日期的显示格式(在此取 id 为 format 的下拉列表框的值)。

(2)　在本实例中，当文档就绪时，还调用 change()方法为 id 为 format 的下拉列表框绑定 change 事件处理函数。在该事件处理函数中，调用 datepicker()方法将 id 为 date 的文本框上所安装的 Datepicker 插件的 dateFormat 选项值设置为下拉列表框的当前值。这样，在下拉列表框中选定其他格式选项时，即可自动更新文本框中所显示的日期的格式。

7.3 jQuery EasyUI 插件

7.3.1 jQuery EasyUI 简介

jQuery EasyUI 是一个广为使用的基于 jQuery 核心开发的 UI 插件库。在 jQuery EasyUI 中，集成了各种类型的为数众多的 UI 插件，从而为页面的设计提供了全面的强有力的支持。

jQuery EasyUI 的插件可分为以下六大类。

(1) Base(基础)。包括 Parser(解析器)、Easyloader(加载器)、Draggable(可拖动)、Droppable(可放置)、Resizable(可调整尺寸)、Pagination(分页)、Searchbox(搜索框)、Progressbar(进度条)与 Tooltip(提示框)插件。

(2) Layout(布局)。包括 Panel(面板)、Tabs(标签页/选项卡)、Accordion(折叠面板)与 Layout(布局)插件。

(3) Menu(菜单)与 Button(按钮)。包括 Menu(菜单)、Linkbutton(链接按钮)、Menubutton(菜单按钮)与 Splitbutton(分割按钮)插件。

(4) Form(表单)。包括 Form(表单)、Validatebox(验证框)、Combo(组合)、Combobox(组合框)、Combotree(组合树)、Combogrid(组合网格)、Numberbox(数字框)、Datebox(日期框)、Datetimebox(日期时间框)、Calendar(日历)、Spinner(微调器)、Numberspinner(数值微调器)、Timespinner(时间微调器)与 Slider(滑块)插件。

(5) Window(窗口)。包括 Window(窗口)、Dialog(对话框)与 Messager(消息框)插件。

(6) DataGrid(数据网格)与 Tree(树)。包括 Datagrid(数据网格)、Propertygrid(属性网格)、Tree(树)与 Treegrid(树形网格)插件。

作为一个基于 jQuery 的完整框架，jQuery EasyUI 的使用非常简单，但其功能十分强大。借助于 jQuery EasyUI，可轻松构建界面美观且极具交互性的各类应用。正因为如此，jQuery EasyUI 在实际中的使用是十分广泛的。

7.3.2 jQuery EasyUI 的下载

jQuery EasyUI(包括其最新版本及此前的有关版本)可从其官方网站(http://www.jeasyui.com)或其他相关网站下载。如图 7-10 所示，为 jQuery EasyUI 官方网站的首页。单击导航栏中的 Download 超链接，可打开如图 7-11 所示的 Download the EasyUI Software 页面，再单击 EasyUI for jQuery 处的 Download 按钮，即可打开如图 7-12 所示的下载最新版本(在此为 1.8.1 版)的 jQuery EasyUI 的页面。在此页面中，单击 Freeware Edition 处的 Download 按钮，即可完成最新版本的 jQuery EasyUI 的下载操作。若单击此页面下方 Other Versions 处的 here 链接，则可进一步打开如图 7-13 所示的 jQuery EasyUI Download 页面。在此页面中，提供了所有已发布的 jQuery EasyUI 版本的下载超链接。

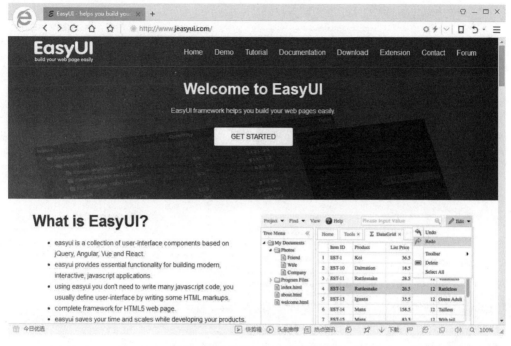

图 7-10 jQuery EasyUI 官方网站

图 7-11 Download the EasyUI Software 页面

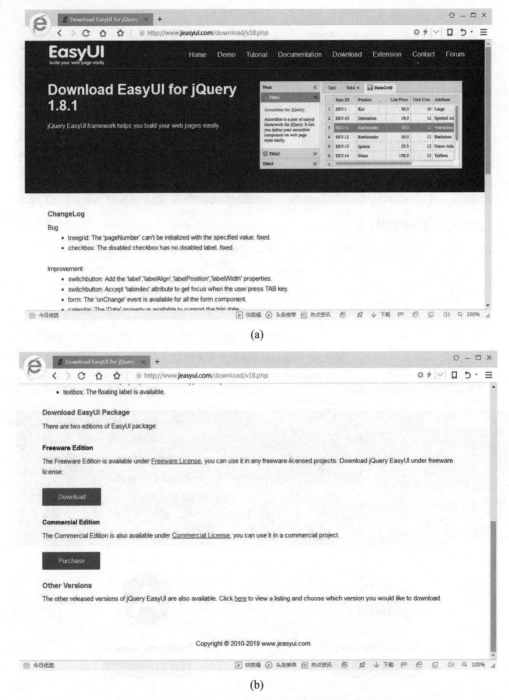

图 7-12　jQuery EasyUI(当前最新版本)下载页面

　　jQuery EasyUI 下载成功后，得到的是一个 zip 文件。在此，直接下载 jQuery EasyUI 的最新版本——jQuery EasyUI 1.8.1，相应的 zip 文件为 jquery-easyui-1.8.1.zip。

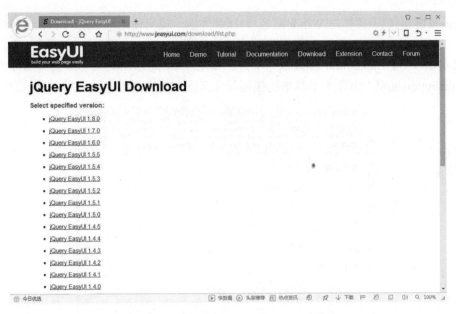

图 7-13　jQuery EasyUI Download 页面

7.3.3　jQuery EasyUI 的使用

使用 jQuery EasyUI 的基本方法如下(以 jquery-easyui-1.8.1.zip 为例)。

(1)　解压 jquery-easyui-1.8.1.zip 文件，生成文件夹 jquery-easyui-1.8.1。在该文件夹内，包含 jQuery EasyUI 插件库的有关文件与文件夹。

(2)　将文件夹 jquery-easyui-1.8.1 拷贝到站点目录中，并将其重命名为 jquery-easyui，以便于引用其中的有关文件。

(3)　在需使用 jQuery EasyUI 插件的页面的头部(即 HTML 文档的<head>区域)，添加对 jquery-easyui 文件夹内 themes/default/easyui.css、themes/icon.css、jquery.min.js 与 jquery.easyui.min.js 文件的引用。假定页面在站点目录中，则相应的代码为：

```
<link rel="stylesheet" type="text/css" href="./jquery-
easyui/themes/default/easyui.css">
<link rel="stylesheet" type="text/css" href="./jquery-
easyui/themes/icon.css">
<script type="text/javascript" src="./jquery-
easyui/jquery.min.js"></script>
<script type="text/javascript" src="./jquery-
easyui/jquery.easyui.min.js"></script>
```

(4)　在网页中编写有关代码，以添加所需要的 jQuery EasyUI 插件。

7.3.4　jQuery EasyUI 的应用实例

jQuery EasyUI 是一个功能丰富、门类齐全的插件库，所包含的插件共有数十种之多。关于 jQuery EasyUI 插件的具体用法，可参阅其使用手册或有关资料。在此，仅以

Linkbutton(链接按钮)插件与 Window(窗口)插件为例，说明使用 jQuery EasyUI 插件的基本方式。其中，Linkbutton 插件主要用于创建链接按钮，Window 插件主要用于创建窗口。

【实例 7-5】Linkbutton 插件应用实例。如图 7-14 所示，为"基本的链接按钮"页面 basicLinkbutton.html，内含 5 个基本的按钮与 4 个固定宽度的按钮。

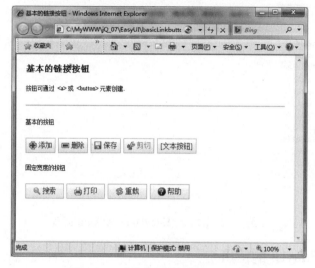

图 7-14　"基本的链接按钮"页面

设计步骤：

(1) 在站点目录 jQ_07 中创建一个子目录 EasyUI，然后将解压 jQuery EasyUI 插件库 zip 文件(在此为 jquery-easyui-1.8.1.zip)所生成的文件夹(在此为 jquery-easyui-1.8.1)置于其中，并重命名为 jquery-easyui。

(2) 在站点目录的 EasyUI 子目录中创建一个 HTML 页面 basicLinkbutton.html。

(3) 编写页面 basicLinkbutton.html 的代码。

```html
<html>
<head>
    <meta charset="UTF-8">
    <title>基本的链接按钮</title>
    <style type="text/css">
    body {
    padding:20px;
    font-size:12px;
    margin:0;
    }
    h1 {
    font-size:18px;
    font-weight:bold;
    margin:0;
    }
    </style>
    <link rel="stylesheet" type="text/css" href="./jquery-
        easyui/themes/default/easyui.css">
```

```
    <link rel="stylesheet" type="text/css" href="./jquery-
        easyui/themes/icon.css">
    <script type="text/javascript" src="./jquery-
        easyui/jquery.min.js"></script>
    <script type="text/javascript" src="./jquery-
        easyui/jquery.easyui.min.js"></script>
</head>
<body>
    <h1>基本的链接按钮</h1>
    <p>按钮可通过&lt;a&gt; 或&lt;button&gt; 元素创建.</p>
    <hr>
    <p>基本的按钮</p>
    <div style="padding:5px 0;">
        <a href="#" class="easyui-linkbutton" data-
            options="iconCls:'icon-add'">添加</a>
        <a href="#" class="easyui-linkbutton" data-
            options="iconCls:'icon-remove'">删除</a>
        <a href="#" class="easyui-linkbutton" data-
            options="iconCls:'icon-save'">保存</a>
        <a href="#" class="easyui-linkbutton" data-
            options="iconCls:'icon-cut',disabled:true">剪切</a>
        <a href="#" class="easyui-linkbutton">[文本按钮]</a>
    </div>
    <p>固定宽度的按钮</p>
    <div style="padding:5px 0;">
        <a href="#" class="easyui-linkbutton" data-options=
            "iconCls:'icon-search'" style="width:80px">搜索</a>
        <a href="#" class="easyui-linkbutton" data-options=
            "iconCls:'icon-print'" style="width:80px">打印</a>
        <a href="#" class="easyui-linkbutton" data-options=
            "iconCls:'icon-reload'" style="width:80px">重载</a>
        <a href="#" class="easyui-linkbutton" data-options=
            "iconCls:'icon-help'" style="width:80px">帮助</a>
    </div>
</body>
</html>
```

代码解析：

在本实例中，通过将<a>元素的 class 属性设置为 easyui-linkbutton，并根据需要设置其 data-options 属性与 style 属性，成功地利用 jQuery EasyUI 的 Linkbutton(链接按钮)插件实现了相应的基本按钮与固定宽度的按钮。其中，data-options 属性值中的 iconCls 选项用于指定需在按钮上显示的小图标。例如，将 iconCls 选项设置为 icon-add，则可显示一个"添加"小图标。

【实例 7-6】Window 插件应用实例。如图 7-15 所示，为"基本的窗口"页面 basicWindow.html。单击其中的"打开"按钮，可打开一个相应的"基本的窗口"。单击"关闭"按钮，则可将所打开的窗口关掉。

图 7-15　"基本的窗口"页面

设计步骤：

(1)　在站点目录的 EasyUI 子目录中创建一个 HTML 页面 basicWindow.html。

(2)　编写页面 basicWindow.html 的代码。

```html
<html>
<head>
    <meta charset="UTF-8">
    <title>基本的窗口</title>
<style type="text/css">
    body {
    padding:20px;
    font-size:12px;
    margin:0;
    }
    h1 {
    font-size:18px;
    font-weight:bold;
    margin:0;
    }
    </style>
    <link rel="stylesheet" type="text/css" href="./jquery-
        easyui/themes/default/easyui.css">
    <link rel="stylesheet" type="text/css" href="./jquery-
        easyui/themes/icon.css">
    <script type="text/javascript" src="./jquery-
        easyui/jquery.min.js"></script>
    <script type="text/javascript" src="./jquery-
        easyui/jquery.easyui.min.js"></script>
</head>
```

```
<body>
    <h1>基本的窗口</h1>
    <p>窗口可在屏幕中自由拖动.</p>
<hr>
    <div style="margin:20px 0;">
        <a href="javascript:void(0)" class="easyui-linkbutton"
onClick="$('#w').window('open')">打开</a>
        <a href="javascript:void(0)" class="easyui-linkbutton"
onClick="$('#w').window('close')">关闭</a>
    </div>
    <div id="w" class="easyui-window" title="基本的窗口" data-
options="iconCls:'icon-save'"
style="width:500px;height:200px;padding:10px;">
        窗口的内容.
    </div>
</body>
</html>
```

代码解析：

(1) 在本实例中，"打开"与"关闭"按钮是借助于 jQuery EasyUI 的 Linkbutton(链接按钮)插件并通过<a>元素实现的，而所打开的"基本的窗口"则是借助于 jQuery EasyUI 的 Window(窗口)插件并通过<div>元素(其 id 为 w)实现的。

(2) 单击"打开"按钮时，通过执行"$('#w').window('open')"语句打开"基本的窗口"；单击"关闭"按钮时，通过执行"$('#w').window('close')"语句关闭"基本的窗口"。

7.4　第三方 jQuery 插件

7.4.1　第三方 jQuery 插件简介

所谓第三方 jQuery 插件，是指非官方开发的(也就是由其他厂商、机构或个人开发的)基于 jQuery 的插件。在开发具体应用时，可根据需要适当使用一些第三方 jQuery 插件，以提高应用的开发效率，并增强其实现效果。

由于 jQuery 的开源特性，各种优秀的第三方 jQuery 插件层出不穷，为数众多，可充分满足各类应用开发的具体需求。其中，Password Strength(密码强度检测插件)、uploadify(文件上传插件)、zTree(树状插件)、Nivo Slider(图片切换插件)、Pagination(数据分页插件)、ColorPicker(颜色选择器插件)、jQZoom(图片放大镜插件)、Bootstrap Star Rating(星星评分插件)、EasyZoom(图片缩放插件)、lazyload(图片延迟加载插件)、NotesForLightBox(图片灯箱插件)与 jCarousel(图片幻灯片显示插件)等均为目前较为流行的第三方 jQuery 插件。

7.4.2　第三方 jQuery 插件的下载

第三方 jQuery 插件通常是开源的或免费的，可从其官方网站或其他相关网站或空间下载。

7.4.3 第三方 jQuery 插件的使用

使用第三方 jQuery 插件的基本步骤如下。

(1) 将所用第三方 jQuery 插件的 js 库与相关文件(如 CSS 样式文件等)以及该插件所需要的 jQuery 库添加站点目录中。

(2) 在需使用第三方 jQuery 插件的页面的头部(即 HTML 文档的<head>区域),添加对该插件所需要的 jQuery 库以及该插件 js 库与相关 CSS 样式文件的引用。

(3) 在网页中编写有关代码,以添加所需要的第三方 jQuery 插件。

7.4.4 第三方 jQuery 插件的应用实例

第三方 jQuery 插件为数众多,其具体用法各有不同,必要时可参阅随插件发布的使用手册或相关案例。在此,仅以 ColorPicker(颜色选择器)插件与 jQZoom(图片放大镜)插件为例,说明使用第三方 jQuery 插件的基本方式。其中,ColorPicker 插件用于创建颜色选择器,以便于直接选择需要的颜色;jQZoom 插件用于创建图片放大镜,以便于仔细查看图片的细节。

【实例 7-7】ColorPicker 插件应用实例。如图 7-16(a)所示,为"颜色选择器"页面 ColorPicker.html,内含"所选颜色"与"颜色值"两个文本框。将鼠标指针移至"所选颜色"文本框时,将自动打开一个"颜色选择器", 如图 7-16(b)所示。单击选择某种颜色后,该"颜色选择器"将自动隐藏,并将"所选颜色"文本框的背景颜色设置为当前所选择的颜色,同时在"颜色值"文本框中以所选颜色显示其值,如图 7-16(c)所示。

设计步骤:

(1) 在站点目录 jQ_07 中创建一个子目录 ThirdPartyPlugin,然后在该目录中创建一个子目录 LuColorPicker。

(2) 在子目录 LuColorPicker 中再创建一个子目录 colorpicker,然后将 ColorPicker 插件的 js 库(在此为 jquery.colorpicker.js)及其所需要的 jQuery 库(在此为 jquery.js)置于其中。

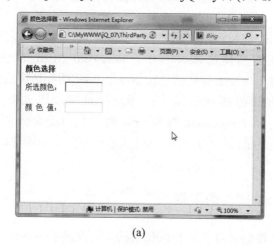

(a)

图 7-16 "颜色选择器"页面

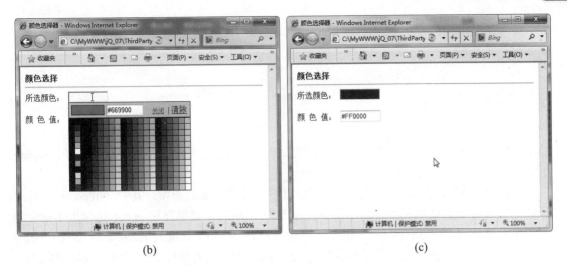

图 7-16 "颜色选择器"页面(续)

(3) 在子目录 LuColorPicker 中创建一个 HTML 页面 ColorPicker.html。

(4) 编写页面 ColorPicker.html 的代码。

```html
<html>
<head>
<meta http-equiv="Content-Type" content="text/html; charset=utf-8" />
<title>颜色选择器</title>
<script type="text/javascript" src="colorpicker/jquery.js"></script>
<script type="text/javascript"
src="colorpicker/jquery.colorpicker.js"></script>
<script type="text/javascript">
$(document).ready(function(){
    $("#colorpicker").colorpicker({
        fillcolor:true,
        event:'mouseover',
        target:$("#colorvalue"),
        success:function(element,color){
            $(element).css("background-color",color);
            $("#colorvalue").css("color",color);
        },
        reset:function(element){
            $(element).css("background-color","#FFFFFF");
        }
    });
});
</script>
</head>
<body>
<div id="container">
    <strong>颜色选择</strong>
    <hr>
    所选颜色:
    <input type="text" id="colorpicker" size="8">
```

```
   <p>
   颜  色  值:
   <input type="text" id="colorvalue" size="8">
</div>
</body>
</html>
```

代码解析:

(1) 在本实例中, 当文档就绪时, 调用 colorpicker()方法为 id 为 colorpicker 的<input>元素安装 ColorPicker 插件。

(2) 在调用 colorpicker()方法时, 可根据需要设置有关的选项。其中, fillcolor 选项用于指定是否将颜色值填充至目标对象中, 在此为 true(表示要填充); event 选项用于指定触发"颜色选择器"显示的事件(未指定时默认为 click 事件), 在此为 mouseover 事件; target 选项用于指定显示颜色值的目标对象(未指定时默认为当前对象), 在此为$("#colorvalue"), 即 id 为 colorvalue 的<input>元素; success 选项用于指定颜色选择成功时需执行的函数(其第一个参数表示当前对象, 第二个参数表示当前所选择的颜色), 该函数的功能是将当前对象(即 id 为 colorpicker 的<input>元素)的背景颜色与 id 为 colorvalue 的<input>元素的文字颜色设置为当前所选择的颜色; reset 选项用于指定在"颜色选择器"中单击"清除"链接时需执行的函数(其第一个参数表示当前对象), 在此该函数的功能是将当前对象的背景颜色设置为白色。

【实例 7-8】jQZoom 插件应用实例。如图 7-17(a)所示, 为"图片放大镜"页面 jQZoom.html, 内含 1 张小图片与 3 张缩略图。在小图片内移动鼠标指针时, 该图片的相应区域将自动放大显示在其右侧的"放大效果"区域中, 如图 7-17(b)所示。若单击页面中的缩略图, 则小图片便会随之进行切换, 如图 7-17(c)所示。

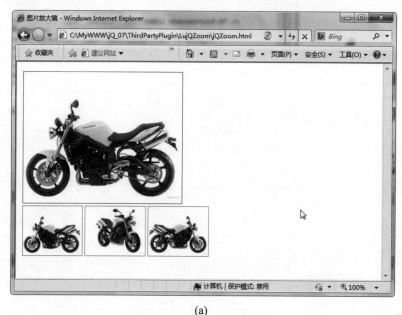

(a)

图 7-17　"图片放大镜"页面

(b)

(c)

图 7-17 "图片放大镜"页面(续)

设计步骤:

(1) 在站点目录 jQ_07 的 ThirdPartyPlugin 子目录中创建一个子目录 LujQZoom。

(2) 将 jQZoom 插件的 js 文件夹与 css 文件夹复制到子目录 LujQZoom 中。

说明： 在此，jQZoom 插件的 js 文件夹包含该插件的 js 库文件 jquery.jqzoom-core.js、jquery.jqzoom-core.pack.js 及其所需要的 jQuery 库文件 jquery-1.5.js，而 css 文件夹则包含该插件的 css 样式文件 jquery.jqzoom.css。

(3) 在子目录 LujQZoom 中创建一个子目录 images，然后将图片文件 jQZoom1.jpg、jQZoom2.jpg、jQZoom3.jpg、jQZoom_big1.jpg、jQZoom_big2.jpg、jQZoom_big3.jpg、jQZoom_small1.jpg、jQZoom_small2.jpg、jQZoom_small3.jpg 置于其中。

说明： jQZoom1.jpg、jQZoom2.jpg 与 jQZoom3.jpg 为缩略图文件，用于在页面中显示相应的缩略图。jQZoom_small1.jpg、jQZoom_small2.jpg 与 jQZoom_small3.jpg 为相应的小图片文件，用于在页面中显示小图片。jQZoom_big1.jpg、jQZoom_big2.jpg 与 jQZoom_big3.jpg 为相应的大图片文件，用于在页面中产生放大效果。

(4) 在子目录 LujQZoom 中创建一个 HTML 页面 jQZoom.html。

(5) 编写页面 jQZoom.html 的代码。

```html
<html>
<head>
<meta http-equiv="Content-Type" content="text/html; charset=utf-8" />
<title>图片放大镜</title>
<script src="js/jquery-1.5.js" type="text/javascript"></script>
<script src="js/jquery.jqzoom-core.js" type="text/javascript"></script>
<link rel="stylesheet" href="css/jquery.jqzoom.css" type="text/css"/>
<script type="text/javascript">
$(document).ready(function(){
    $(".jqzoom").jqzoom(
    {
        zoomWidth:300,
        zoomHeight:300
    });
});
</script>
</head>
<body>
<div>
<table border="0">
  <tr>
    <td colspan="3">
    <a href="images/jQZoom_big1.jpg" class="jqzoom" rel='jQZoom' title=
      "放大效果">
      <img src="images/jQZoom_small1.jpg" style="border: 1px solid #666;"/>
    </a>
    </td>
  </tr>
  <tr>
```

```
    <td>
      <a href='javascript:void(0);' rel="{gallery: 'jQZoom', smallimage:
        'images/jQZoom_small1.jpg', largeimage: 'images/jQZoom_big1.jpg'}">
        <img src='images/jQZoom1.jpg' style="border: 1px solid #999;">
      </a>
    </td>
    <td>
      <a href='javascript:void(0);' rel="{gallery: 'jQZoom', smallimage:
        'images/jQZoom_small2.jpg', largeimage: 'images/jQZoom_big2.jpg'}">
        <img src='images/jQZoom2.jpg' style="border: 1px solid #999;">
      </a>
    </td>
    <td>
      <a href='javascript:void(0);' rel="{gallery: 'jQZoom', smallimage:
        'images/jQZoom_small3.jpg', largeimage: 'images/jQZoom_big3.jpg'}">
        <img src='images/jQZoom3.jpg' style="border: 1px solid #999;">
      </a>
    </td>
  </tr>
</table>
</div>
</body>
</html>
```

代码解析：

(1) 在本实例中，通过一个 class 属性为 jqzoom 的<a>元素为在页面中显示的小图片(即相应的<img>元素)创建了一个超链接。当文档就绪时，通过调用 jqzoom()方法，即可为该<a>元素安装 jQZoom 插件，从而实现图片区域的放大显示效果。

(2) 在调用 jqzoom()方法时，可根据需要设置有关的选项。其中，zoomWidth 选项用于指定放大效果区域的宽度(在此为 300px)，zoomHeight 选项用于指定放大效果区域的高度(在此为 300 px)。

(3) 在用于安装 jQZoom 插件的<a>元素中，通过 href 属性指定用于产生放大效果的大图片，通过 rel 属性指定一个关联标识(通常又称之为"钩子"，在此为 jQZoom)，通过 title 属性指定放大效果区域的标题文字(在此为"放大效果")。

(4) 在页面中，包含 3 个用于切换小图片的缩略图超链接。在相应的<a>元素中，通过 rel 属性指定所使用的关联标识以及相应的小图路径与大图路径。其中，关联标识通过 gallery 选项指定(在此为如前所述 jQZoom)，小图路径通过 smallimage 选项指定，大图路径通过 largeimage 选项指定。

本 章 小 结

本章介绍了 jQuery 插件的概况以及 jQuery UI 插件、jQuery EasyUI 插件与第三方 jQuery 插件的基础知识，并通过具体实例讲解了各类插件的基本应用技术。通过本章的学习，应熟练掌握 jQuery UI 插件、jQuery EasyUI 插件与第三方 jQuery 插件的相关应用技术，并能在各类 Web 应用的开发中灵活地加以选用，以更好地实现所需要的有关功能。

思 考 题

1. jQuery 插件是什么？
2. jQuery 插件有何主要特点？
3. jQuery UI 是什么？简述其基本的使用方法。
4. jQuery EasyUI 是什么？简述其基本的使用方法。
5. 第三方 jQuery 插件是什么？简述其基本的使用步骤。

第8章

jQuery 应用案例

随着 Internet 的快速发展,各类 Web 应用也愈加广泛。在各种 Web 应用的开发中,jQuery 技术的运用相当普遍。

本章要点:

网站首页的设计;网站首页的实现。

学习目标:

通过分析典型的 jQuery 应用案例("网上图库"网站首页),理解并掌握 jQuery 在网页设计中的综合应用技术。

8.1　网站首页的设计

本"网上图库"是一个颇具特色的以在线共赏为主要目的图片类网站。作为网络上的一个各类图片的集散地,其主页面应具有简洁美观、主题鲜明、导航清晰、操作简便等特点,并能动态展示站点内当前的热门图片与推荐图片,以提高网站的吸引力。如图 8-1 所示,为本网站首页的运行效果。

本网站首页的布局如图 8-2 所示,大致分为 4 个区域,分别为导航菜单区域(含网站 logo 图片)、图片轮播区域、图片展示区域与页脚信息区域。除此以外,还有一个浮动窗口。其中,导航菜单区域用于显示本网站的 logo 图片与导航菜单,图片轮播区域用于 3 张大幅图片的循环播放,图片展示区域用于动态展示站点内当前的热门图片与推荐图片(最多各 10 张),页脚信息区域用于提供本网站的有关信息与相关链接,浮动窗口用于实现本网站的一些扩展功能(如"返回顶部"等)。

(a)

图 8-1　"网上图库"首页

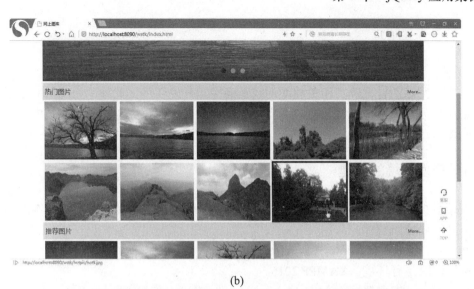

(b)

(c)

图 8-1　"网上图库"首页(续)

图 8-2　"网上图库"首页布局示意图

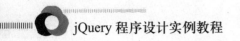

8.2　网站首页的实现

为实现网站的首页及其相关功能，需正确搭建开发环境。此外，为确保网站首页具有良好的可扩展性与可维护性，应遵循模块化设计的思想与原则，逐一实现其中的各个区域与浮动窗口。

8.2.1　开发环境的搭建

网站首页开发环境的搭建与其所采用的 Web 编程技术密切相关。对于本网站首页来说，其开发环境如下。

- 操作系统：Windows 7 旗舰版。
- PHP 运行环境：XAMPP 2016。
- jQuery 库文件：jquery-1.12.4.js 或 jquery-1.12.4.min.js。
- 开发工具：Dreamweaver CS 6。
- 浏览器：搜狗高速浏览器 8.5.10。

其中，XAMPP 2016 的安装、配置与使用方法请参阅第 6 章 6.1.3 小节，在此不再详述。

8.2.2　导航菜单的实现

"网上图库"首页的导航菜单区域如图 8-3 所示。该区域的左侧为本网站的 logo 图片，中部为"首页"链接与"风光""花鸟""人物""书画""新闻""专题""更多"等图片类别链接，右侧则为"登录"与"注册"超链接。当移动鼠标指针指向中部的图片类别超链接时，相应链接将自动改变颜色；当移动鼠标指针离开这些链接时，其颜色会自动恢复原状。而当移动鼠标指针指向"登录"与"注册"超链接时，将自动为其添加背景颜色；当移动鼠标指针离开这两个超链接时，所添加的背景颜色则会自动被清除。

图 8-3　"网上图库"首页的导航菜单

"网上图库"首页导航菜单的实现步骤如下。

(1) 在 Dreamweaver 中新建一个站点 MyWeb，其本地站点文件夹为 Apache 服务器的站点根目录(在此为 C:\xampp\htdocs)。

(2) 在站点 MyWeb 中创建一个新的目录 wstk。

(3) 在站点的 wstk 目录中创建一个子目录 jQuery，然后将 jQuery 库文件置于其中，并重命名为 jquery.js。

(4) 在站点的 wstk 目录中创建一个子目录 images，然后将网站的 logo 图片 wstk.jpg 置于其中，如图 8-4 所示。

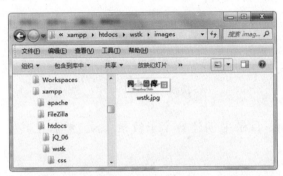

图 8-4　"网上图库"网站的 logo 图片

(5) 在站点的 wstk 目录中新建一个 HTML 页面 index.html(即本网站的首页)，并编写其代码。

```
<!DOCTYPE html PUBLIC "-//W3C//DTD XHTML 1.0 Transitional//EN"
"http://www.w3.org/TR/xhtml1/DTD/xhtml1-transitional.dtd">
<html xmlns="http://www.w3.org/1999/xhtml"><head>
<meta http-equiv="Content-Type" content="text/html; charset=utf-8" />
<title>网上图库</title>
<script type="text/javascript" src="./jQuery/jquery.js"></script>
</head>
<body>
<div align="center" id="header">
<table width="1150" border="0" align="center" cellpadding="0"
cellspacing="0" bgcolor="#ffffff">
  <tr>
    <td width="10" height="98"> </td>
    <td width="250" align="center" valign="middle" style="cursor:
      pointer" onclick="javascript:location='index.html'">
    <img src="images/wstk.jpg" alt="网上图库">
    </td>
    <td align="left" valign="middle">
    <div class="menu1">
    <a class="menu-item menu-item-on" href="index.html">首页</a>
      <a class="menu-item" href="index.html">风光</a>
      <a class="menu-item" href="#">花鸟</a>
      <a class="menu-item" href="#">人物</a>
      <a class="menu-item" href="#">书画</a>
```

```
          <a class="menu-item" href="#">新闻</a>
          <a class="menu-item" href="#">专题</a>
          <a class="menu-item" href="#">更多</a>
      </div>
      </td>
      <td width="100" align="right" valign="middle">
      <div class="menu2">
       <a class="menu-item" href="#">登录</a>
          <a class="menu-item" href="#">注册</a>
      </div>
      </td>
      <td width="25"> </td>
   </tr>
   </table>
</div>
</body>
</html>
```

(6) 在站点的 wstk 目录中创建一个子目录 css，然后在其中创建一个 CSS 文件 css.css，并编写其代码。

```
@charset "utf-8";
*{
    margin: 0;
    padding: 0;
    color: #333333;
    font-family:"microsoft yahei",simsun,arial;
}
body {
    margin-left: 0px;
    margin-top: 0px;
    margin-right: 0px;
    margin-bottom: 0px;
}
body,td,th {
    font-size: 12px;
}
a:link {
    text-decoration: none;
}
a:visited {
    text-decoration: none;
}
a:hover {
    text-decoration: none;
}
a:active {
    text-decoration: none;
}
```

(7) 在 css 子目录中创建一个 CSS 文件 header.css，并编写其代码。

```
@charset "utf-8";
.menu-item{
    line-height:75px;margin-right:10px;font-size:16px;
}
.menu-item-on{
    color:#31ccff;
}
.menu-item-color-selected{
    color:#31ccff;
}
.menu-item-bgcolor-selected{
    background-color:#31ccff;
}
```

(8) 在页面 index.html 中添加对 css.css 与 header.css 的引用。为此，可在页面的 head 部分添加以下代码：

```
<link rel="stylesheet" type="text/css" href="css/css.css"/>
<link rel="stylesheet" type="text/css" href="css/header.css"/>
```

(9) 在站点的 wstk 目录中创建一个子目录 js，然后在其中创建一个 JS(即 JavaScript) 文件 header.js，并编写其代码。

```
$(document).ready(function(){
  $(".menu1 a").hover(function(){
    $(this).addClass("menu-item-color-selected");
    return true;
  },function(){
    $(this).removeClass("menu-item-color-selected");
    return true;
  });
  $(".menu2 a").hover(function(){
    $(this).addClass("menu-item-bgcolor-selected");
    return true;
  },function(){
    $(this).removeClass("menu-item-bgcolor-selected");
    return true;
  });
});
```

(10) 在页面 index.html 中添加对 header.js 的引用。为此，可在当前页面中 id 为 header 的<div>元素的后面添加以下代码：

```
<script type="text/javascript" src="./js/header.js"></script>
```

至此，本网站首页导航菜单的实现即告完毕。启动 Apache 服务器后，再打开浏览器，然后在地址栏中输入 "http://localhost:8090/wstk/index.html" 并按 Enter 键，即可打开如图 8-3 所示的网站首页。

8.2.3 轮播效果的实现

"网上图库"首页的图片轮播区域如图 8-5 所示。该区域用于循环播放 3 张大幅图片。通过单击图片左右两侧的"前一张"与"后一张"按钮以及图片底部中间的 3 个小按钮，可及时切换到相应的图片并显示之。

图 8-5　"网上图库"首页的图片轮播区域

"网上图库"首页图片轮播效果的实现步骤如下。

(1) 将需要轮播的图片 banner1.jpg、banner2.jpg、banner3.jpg 与相关的辅助图片(包括"前一张"按钮图片 prev.png 与"后一张"按钮图片 prev.png)置于 images 子目录，如图 8-6 所示。

图 8-6　"网上图库"网站的轮播图片与辅助图片

(2) 在页面 index.html 中添加一个 id 为 banner 的<div>元素，并在其中编写与图片轮播区域相关的代码。

```
<div align="center" id="banner">
<table width="1150" border="0" align="center" cellpadding="0"
cellspacing="0" bgcolor="#ffffff">
  <tr>
    <td colspan="5" height="1" bgcolor="#e5e5e5"></td>
  </tr>
  <tr>
    <td colspan="5" valign="top" bgcolor="#e5e5e5">
    <div class="banner">
        <div class="pics">
            <ul>
            <li><img src="images/banner1.jpg"></li>
            <li><img src="images/banner2.jpg"></li>
            <li><img src="images/banner3.jpg"></li>
            </ul>
        </div>
        <div class="next">
            <img src="images/next.png" />
        </div>
        <div class="prev">
            <img src="images/prev.png" />
        </div>
        <div class="jump">
            <ul>
            <li jumpIdx="0"></li>
            <li jumpIdx="1"></li>
            <li jumpIdx="2"></li>
            </ul>
        </div>
    </div>
    </td>
  </tr>
  <tr>
    <td colspan="5" height="360" bgcolor="#e5e5e5"></td>
  </tr>
</table>
</div>
```

（3）在 css 子目录中创建一个 CSS 文件 banner.css，并编写其代码。

```
@charset "utf-8";
.banner{
    width: 1150px;
    position: absolute;
}
.banner img{
    width: 100%;
}
.banner .pics ul{
    list-style: none;
```

```
        padding-left: 0px;
        margin-bottom: 0px;
}
.banner .pics ul li{
        position: absolute
        display: none;
        opacity: 0;
}
.banner .pics ul li:nth-child(1){
        opacity: 1;
        display: block;
}
.banner .pics ul li img{
        width: 100%;
        height: 360px;
        position: absolute;
        top: 0px;
}
.banner .pics ul li:first-child img{
        position: relative;
}
.banner .next,.banner .prev{
        padding: 25px 10px 25px 10px;
        position: absolute;
        top: 50%;
        margin-top: -28px;
        background: #000000;
        opacity: 0.1;
        border-radius: 5px;
        z-index: 10;
}
.banner .next{
        right: 0px;
}
.banner .next:hover,.banner .prev:hover{
        opacity: 0.5;
}
.banner .jump{
        width: 100%;
        position: absolute;
        bottom: 20px;
        text-align: center;
}
.banner .jump ul{
        margin-bottom: 0px;
        padding: 0px;
}
.banner .jump ul li{
        width: 15px;
        height: 15px;
```

```
    border-radius: 50%;
    display: inline-block;
    background-color: white;
    opacity: 0.5;
    margin-right: 10px;
}
.banner .jump ul li:last-child{
    margin-right: 0px;
}
```

(4) 在页面 index.html 中添加对 banner.css 的引用。为此，可在页面的 head 部分添加以下代码：

```
<link rel="stylesheet" type="text/css" href="css/banner.css"/>
```

(5) 在 js 子目录创建一个 JS 文件 banner.js，并编写其代码。

```
var time=null;
var nextIdx = 0;
var imgCount = $(".banner .pics ul li").length;
$(".banner .jump ul li[jumpIdx="+nextIdx+"]").css("background-
color","black");
$(document).ready(function(){
    time =setInterval(intervalImg,3000);
});
$(".prev").click(function(){
    clearInterval(time);
    var currIdx = nextIdx;
    nextIdx = nextIdx-1;
    if(nextIdx<0){
        nextIdx=imgCount-1;
    }
    $(".banner .jump ul li").css("background-color","white");
    $(".banner .jump ul li[jumpIdx="+nextIdx+"]").css("background-color",
        "black");
    $(".banner .pics ul img").eq(currIdx).css("position","absolute");
    $(".banner .pics ul img").eq(nextIdx).css("position","relative");
    $(".banner .pics ul li").eq(nextIdx).css("display","block");
    $(".banner .pics ul li").eq(nextIdx).stop().animate({"opacity":1},1000);
    $(".banner .pics ul li").eq(currIdx).stop().animate({"opacity":0},
        1000,function(){
        $(".banner ul li").eq(currIdx).css("display","none");
    });
    time =setInterval(intervalImg,3000);
})
$(".next").click(function(){
    clearInterval(time);
    intervalImg();
    time =setInterval(intervalImg,3000);
})
function intervalImg(){
```

```
        if(nextIdx<imgCount-1){
            nextIdx++;
        }else{
            nextIdx=0;
        }
        $(".banner .pics ul img").eq(nextIdx-1).css("position","absolute");
        $(".banner .pics ul img").eq(nextIdx).css("position","relative");
        $(".banner .pics ul li").eq(nextIdx).css("display","block");
        $(".banner .pics ul li").eq(nextIdx).stop().animate({"opacity":1},1000);
        $(".banner .pics ul li").eq(nextIdx-1).stop().animate({"opacity":0},
            1000,function(){
            $(".banner .pics ul li").eq(nextIdx-1).css("display","none");
        });
        $(".banner .jump ul li").css("background-color","white");
        $(".banner .jump ul li[jumpIdx="+nextIdx+"]").css("background-color",
            "black");
}
$(".banner .jump ul li").each(function(){
    $(this).click(function(){
        clearInterval(time);
        $(".banner .jump ul li").css("background-color","white");
        jumpIdx = $(this).attr("jumpIdx");
        if(jumpIdx!=nextIdx){
            var after =$(".banner .pics ul li").eq(jumpIdx);
            var befor =$(".banner .pics ul li").eq(nextIdx);
            $(".banner .pics ul img").eq(nextIdx).css("position","absolute");
            $(".banner .pics ul img").eq(jumpIdx).css("position","relative");
            after.css("display","block");
            after.stop().animate({"opacity":1},1000);
            befor.stop().animate({"opacity":0},1000,function(){
                befor.css("display","none");
            });
            nextIdx=jumpIdx;
        }
        $(this).css("background-color","black");
        time =setInterval(intervalImg,3000);
    });
});
```

(6) 在页面 index.html 中添加对 banner.js 的引用。为此，可在当前页面中 id 为 banner 的<div>元素的后面添加以下代码：

```
<script type="text/javascript" src="./js/banner.js"></script>
```

至此，本网站首页图片轮播区域的实现即告完毕。在浏览器中单击"刷新"按钮，即可打开如图 8-5 所示的网站首页体验图片的轮播效果。

8.2.4　展示功能的实现

"网上图库"首页的图片展示区域如图 8-7 所示。该区域用于动态展示站点内当前的热门图片与推荐图片(最多各 10 张)。当再次打开首页或直接刷新首页时，将自动重新获取需要展示的图片及其有关信息。若移动鼠标指针指向其中的图片时，将自动为其添加红色的边框；当移动鼠标指针离开相应的图片时，所添加的红色边框会自动被清除。当移动鼠标指针指向右侧的 More 超链接时，其颜色将自动改变为红色；当移动鼠标指针离开该超链接时，其颜色会自动恢复原状。此外，当单击其中的某个图片时，将打开相应的页面以查看其原图效果，如图 8-8 所示。

图 8-7　"网上图库"首页的图片展示区域

图 8-8　原图查看页面

"网上图库"首页图片展示功能的实现步骤如下。

(1) 将示例图片 demoimg.jpg 置于 images 子目录，如图 8-9 所示。

图 8-9 "网上图库"网站的示例图片

(2) 在页面 index.html 中添加一个 id 为 content 的<div>元素，并在其中编写与图片展示区域相关的代码。

```
<div align="center" id="content">
<table width="1150" border="0" align="center" cellpadding="0"
cellspacing="0" bgcolor="#ffffff">
 <tr>
  <td colspan="5" height="5"></td>
 </tr>
 <tr>
  <td colspan="4" height="50" bgcolor="#e5e5e5" class="content-title">
      热门图片</td>
  <td align="right" bgcolor="#e5e5e5"><a class="content-link" href="#">
     More...</a>  </td>
 </tr>
 <tr>
  <td width="230" height="180" align="center" valign="middle"><img src=
     "images/demoimg.jpg" width="220" height="170" class="image1"></td>
  <td width="230" align="center" valign="middle"><img src=
     "images/demoimg.jpg" width="220" height="170" class="image1"></td>
  <td width="230" align="center" valign="middle"><img src=
     "images/demoimg.jpg" width="220" height="170" class="image1"></td>
  <td width="230" align="center" valign="middle"><img src=
     "images/demoimg.jpg" width="220" height="170" class="image1"></td>
  <td width="230" align="center" valign="middle"><img src=
     "images/demoimg.jpg" width="220" height="170" class="image1"></td>
 </tr>
 <tr>
  <td width="230" height="180" align="center" valign="middle"><img src=
     "images/demoimg.jpg" width="220" height="170" class="image1"></td>
  <td width="230" align="center" valign="middle"><img src=
     "images/demoimg.jpg" width="220" height="170" class="image1"></td>
  <td width="230" align="center" valign="middle"><img src=
     "images/demoimg.jpg" width="220" height="170" class="image1"></td>
  <td width="230" align="center" valign="middle"><img src=
     "images/demoimg.jpg" width="220" height="170" class="image1"></td>
```

```
      <td width="230" align="center" valign="middle"><img src=
        "images/demoimg.jpg" width="220" height="170" class="image1"></td>
    </tr>
    <tr>
      <td colspan="4" height="50" bgcolor="#e5e5e5" class="content-title">
         推荐图片</td>
      <td align="right" bgcolor="#e5e5e5"><a class="content-link" href=
        "#">More...</a>  </td>
    </tr>
    <tr>
      <td width="230" height="180" align="center" valign="middle"><img src=
        "images/demoimg.jpg" width="220" height="170" class="image2"></td>
      <td width="230" align="center" valign="middle"><img src=
        "images/demoimg.jpg" width="220" height="170" class="image2"></td>
      <td width="230" align="center" valign="middle"><img src=
        "images/demoimg.jpg" width="220" height="170" class="image2"></td>
      <td width="230" align="center" valign="middle"><img src=
        "images/demoimg.jpg" width="220" height="170" class="image2"></td>
      <td width="230" align="center" valign="middle"><img
src="images/demoimg.jpg" width="220" height="170" class="image2"></td>
    </tr>
    <tr>
      <td width="230" height="180" align="center" valign="middle"><img src=
        "images/demoimg.jpg" width="220" height="170" class="image2"></td>
      <td width="230" align="center" valign="middle"><img src=
        "images/demoimg.jpg" width="220" height="170" class="image2"></td>
      <td width="230" align="center" valign="middle"><img src=
        "images/demoimg.jpg" width="220" height="170" class="image2"></td>
      <td width="230" align="center" valign="middle"><img src=
        "images/demoimg.jpg" width="220" height="170" class="image2"></td>
      <td width="230" align="center" valign="middle"><img src=
        "images/demoimg.jpg" width="220" height="170" class="image2"></td>
    </tr>
  </table>
</div>
```

(3)　在 css 子目录中创建一个 CSS 文件 content.css，并编写其代码。

```
@charset "utf-8";
.content-title{
    text-align:left;
    font-size:20px;
}
.content-link-selected{
    color:red;
}
.image-selected{
    border:red solid 5px;
}
```

(4)　在页面 index.html 中添加对 content.css 的引用。为此，可在页面的 head 部分添加

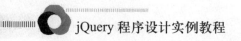

以下代码：

```
<link rel="stylesheet" type="text/css" href="css/content.css"/>
```

（5）在站点的 wstk 目录中创建一个子目录 hotpic，然后将网站当前的热门图片置于其中。作为示例，在使用 10 张图片，其文件名为 hot1.jpg、hot2.jpg、…、hot10.jpg，如图 8-10 所示。

图 8-10　"网上图库"网站的热门图片

（6）在站点的 wstk 目录中新建一个文本文件 hotpic.txt，并在其中输入各热门图片的标题与 URL 地址(二者之间以"|"分隔，每张图片的信息独占一行)。hotpic.txt 文件的内容如图 8-11 所示。

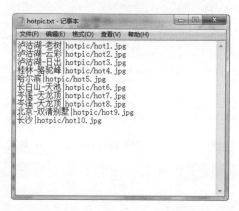

图 8-11　hotpic.txt 文件的内容

💡 **注意：** 文本文件 hotpic.txt 应以 UTF-8 编码方式保存其内容。

📑 **说明：** 在实际应用中，热门图片的有关信息通常保存在数据库表中。为便于理解，在此使用文本文件 hotpic.txt 模拟相应的数据库表，并在其中存放热门图片的标题与 URL 地址。

（7）在站点的 wstk 目录中新建一个 PHP 文件 gethotpic.php，并编写其代码。

```php
<?php
header("Content-type:text/html;charset=utf-8");
$fp=fopen("hotpic.txt", "r");
if($fp){
    while (!feof($fp)){
        $content=fgets($fp);
         list($title, $file)=explode("|",$content);
         $dataArray[] = array("title"=>$title,"file"=>$file);
    }
}
fclose($fp);
$jsonString = json_encode($dataArray);
echo $jsonString;
?>
```

提示： PHP 文件 gethotpic.php 从文本文件 hotpic.txt 中读取热门图片的标题与 URL 地址。在实际应用中，可适当修改该 PHP 文件，以便从数据库的有关表中读取热门图片的具体信息。

(8) 在站点的 wstk 目录中创建一个子目录 recopic，然后将网站当前的推荐图片置于其中。作为示例，在此使用 10 张图片，其文件名为 reco1.jpg、reco2.jpg、…、reco10.jpg，如图 8-12 所示。

图 8-12 "网上图库"网站的推荐图片

(9) 在站点的 wstk 目录中新建一个文本文件 recopic.txt，并在其中输入各推荐图片的标题与 URL 地址(二者之间以 "|" 分隔，每张图片的信息独占一行)。recopic.txt 文件的内容如图 8-13 所示。

注意： 文本文件 recopic.txt 应以 UTF-8 编码方式保存其内容。

说明： 在实际应用中，推荐图片的有关信息通常保存在数据库表中。为便于理解，在此使用文本文件 recopic.txt 模拟相应的数据库表，并在其中存放推荐图片的标题与 URL 地址。

图 8-13　recopic.txt 文件的内容

(10) 在站点的 wstk 目录中新建一个 PHP 文件 getrecopic.php，并编写其代码。

```php
<?php
header("Content-type:text/html;charset=utf-8");
$fp=fopen("recopic.txt", "r");
if($fp){
    while (!feof($fp)){
        $content=fgets($fp);
        list($title, $file)=explode("|",$content);
        $dataArray[] = array("title"=>$title,"file"=>$file);
    }
}
fclose($fp);
$jsonString = json_encode($dataArray);
echo $jsonString;
?>
```

提示：　PHP 文件 getrecopic.php 从文本文件 recopic.txt 中读取推荐图片的标题与
　　　　URL 地址。在实际应用中，可适当修改该 PHP 文件，以便从数据库的有关
　　　　表中读取推荐图片的具体信息。

(11) 在 js 子目录创建一个 JS 文件 content.js，并编写其代码。

```javascript
$(document).ready(function(){
    $(".content-link").hover(function(){
        $(this).addClass("content-link-selected");
        return true;
    },function(){
        $(this).removeClass("content-link-selected");
        return true;
    });
    gethotpic();
    getrecopic();
})
function gethotpic(){
    $.ajax({
        type:"get",
```

```
                url:"gethotpic.php",
                dataType:"json",
                success:function(data){
                    $.each(data,function(index,info){
                        $html='<img src="'+info["file"]+'?'+Math.random()+'"
                            width="220" height="170" class="image1">';
                        $html='<a href="'+info["file"]+'" target="_blank">'+$html+'</a>';
                        $(".image1").eq(index).replaceWith($html);
                        $(".image1").eq(index).attr("title",info["title"]);
                    })
                }
            })
    }
    function getrecopic(){
        $.ajax({
            type:"get",
            url:"getrecopic.php",
            dataType:"json",
            success:function(data){
                $.each(data,function(index,info){
                    $html='<img src="'+info["file"]+'?'+Math.random()+
                        '" width="220" height="170" class="image2">';
                    $html='<a href="'+info["file"]+'" target="_blank">'+$html+'</a>'
                    $(".image2").eq(index).replaceWith($html);
                    $(".image2").eq(index).attr("title",info["title"]);
                })
            }
        })
    }
    $(document).ajaxStop(function(){
        $(".image1,.image2").each(function(){
            $(this).hover(function(){
                $(this).addClass("image-selected");
            },function() {
                $(this).removeClass("image-selected");
            })
        });
    });
});
```

(12) 在页面 index.html 中添加对 content.js 的引用。为此，可在当前页面中 id 为 content 的<div>元素的后面添加以下代码：

```
<script type="text/javascript" src="./js/content.js"></script>
```

至此，本网站首页图片展示区域的实现即告完毕。在浏览器中单击"刷新"按钮，即可打开如图 8-7 所示的网站首页体验图片的动态展示功能。

8.2.5　页脚区域的实现

"网上图库"首页的页脚信息区域如图 8-14 所示。该区域用于显示本网站的有关信息，并提供一系列相关链接，如"图库简介""帮助中心""友情链接"与"后台管理"等。当移动鼠标指针指向其中的链接时，将自动改变其颜色；当移动鼠标指针离开这些链接时，其颜色会自动恢复原状。

图 8-14　"网上图库"首页的页脚信息区域

"网上图库"首页页脚信息区域的实现步骤如下。

(1)　在页面 index.html 中添加一个 id 为 footer 的<div>元素，并在其中编写与页脚信息区域相关的代码。

```
<div align="center" id="footer">
<table width="1150" border="0" align="center" cellpadding="0"
cellspacing="0" bgcolor="#e5e5e5">
 <tr height="150">
   <td align="center">
   <table width="1100" border="0" align="center" cellpadding="0" cellspacing=
     "0" bgcolor="#e5e5e5">
   <tr>
   <td align="left">
   <strong>关于图库</strong>
     <a href="#" target="_blank" class="footer-link">图库简介</a>
     <a href="#" target="_blank" class="footer-link">网站公约</a>
     <a href="#" target="_blank" class="footer-link">版权声明
     </a><br /><br />
   <strong>常见问题</strong>
     <a href="#" target="_blank" class="footer-link">如何上传</a>
     <a href="#" target="_blank" class="footer-link">上传事项</a>
     <a href="#" target="_blank" class="footer-link">帮助中心
     </a><br /><br />
   <strong>联系我们</strong>
     客服电话：0771-1234567  工作时间：8:30-20:30
   </td>
```

```
        <td width="208" align="center" valign="middle">
         <img src="images/wstk.jpg" width="60%" height="60%" /><br /><br />
         <a href="#" target="_blank" class="footer-link">〖友情链接〗</a>
         <a href="#" target="_blank" class="footer-link">〖后台管理〗</a>
       </td>
      </tr>
      </table>
     </td>
   </tr>
   <tr>
     <td height="2" bgcolor="#ffffff"></td>
   </tr>
   <tr height="60">
     <td align="center" bgcolor="#999999">
     Copyright &copy; All Rights Reserved.
     <br />
     版权所有·网上图库
     </td>
   </tr>
  </table>
</div>
```

(2) 在 css 子目录中创建一个 CSS 文件 footer.css，并编写其代码。

```
@charset "utf-8";
.footer-link-selected{
    color:#31ccff;
}
```

(3) 在页面 index.html 中添加对 footer.css 的引用。为此，可在页面的 head 部分添加以下代码：

```
<link rel="stylesheet" type="text/css" href="css/footer.css"/>
```

(4) 在 js 子目录创建一个 JS 文件 footer.js，并编写其代码。

```
$(document).ready(function(){
    $(".footer-link").hover(function(){
        $(this).addClass("footer-link-selected");
        return true;
    },function(){
        $(this).removeClass("footer-link-selected");
        return true;
    });
});
```

(5) 在页面 index.html 中添加对 footer.js 的引用。为此，可在当前页面中 id 为 footer 的<div>元素的后面添加以下代码：

```
<script type="text/javascript" src="./js/footer.js"></script>
```

至此，本网站首页页脚信息区域的实现即告完毕。在浏览器中单击"刷新"按钮，即可打开如图 8-14 所示的网站首页并对其页脚信息区域进行查看。

8.2.6 浮动窗口的实现

"网上图库"首页的浮动窗口如图 8-15 所示。该浮动窗口用于实现本网站的一些扩展功能，包括客服信息与 APP 信息的动态显示以及直接返回页面顶部。当移动鼠标指针指向其中的"客服"或 APP 小图片时，将自动显示相应的客服或 APP 信息；当移动鼠标指针离开这些小图片时，所显示的信息会自动隐藏。此外，若单击其中的 TOP 小图片，即可自动返回首页的顶部，同时隐藏该小图片；当向下滚动网站首页时，该小图片又会自动显示出来。

图 8-15　"网上图库"首页的浮动窗口

"网上图库"首页的浮动窗口的实现步骤如下。

(1) 将与浮动窗口相关的图片 app.jpg、appinfo.jpg、cs.jpg、csinfo.jpg 与 top.jpg 置于 images 子目录，如图 8-16 所示。

图 8-16　"网上图库"网站浮动窗口的有关图片

（2）　在页面 index.html 中添加一个 id 为 floatwin 的<div>元素，并在其中编写与浮动窗口相关的代码。

```
<div align="center" id="floatwin">
<table width="55" border="0" cellspacing="0" cellpadding="0">
 <tr>
   <td height="55" align="center" valign="middle">
   <img id="cs" src="images/cs.jpg" />
   <div align="center" id="csinfo"><img src="images/csinfo.jpg" /></div>
   </td>
 </tr>
 <tr>
   <td height="55" align="center" valign="middle">
   <img id="app" src="images/app.jpg" />
   <div align="center" id="appinfo"><img src="images/appinfo.jpg" /></div>
   </td>
 </tr>
 <tr>
   <td height="55" align="center" valign="middle">
   <img id="top" src="images/top.jpg" onclick="javascript:window.scrollTo(0,0);"
       style="display:none;"/>
   </td>
 </tr>
</table>
</div>
```

（3）　在 css 子目录中创建一个 CSS 文件 floatwin.css，并编写其代码。

```
@charset "utf-8";
#floatwin{
    position:fixed;
    bottom:50px;
    right:10px;
    width:60px;
    z-index:100;
}
#csinfo{
    position:absolute;
    left:-95px;
    top:5px;
    display:none;
}
#csinfo img{
    width:95px;
    height:45px;
    border:1px dashed #CCCCCC;
}
#appinfo{
    position:absolute;
    left:-150px;
    top:60px;
```

```
    display:none;
}
#appinfo img{
    width:150px;
    height:150px;
    border:1px dashed #CCCCCC;
}
.floatwin-item-border-selected{
    border:1px solid #CCCCCC;
}
```

（4）在页面 index.html 中添加对 floatwin.css 的引用。为此，可在页面的 head 部分添加以下代码：

```
<link rel="stylesheet" type="text/css" href="css/floatwin.css"/>
```

（5）在 js 子目录创建一个 JS 文件 floatwin.js，并编写其代码。

```
$(document).ready(function(){
    if ($(window).scrollTop()>0)
        $("#top").show();
    $(window).scroll(function(){
        if ($(window).scrollTop()>0){
            $("#top").fadeIn(500);
        }else{
            $("#top").fadeOut(500);
        }
    });
    $("#cs,#app,#top").hover(function(){
        $(this).addClass("floatwin-item-border-selected");
        if ($(this).is("#cs")){
            $("#csinfo").fadeIn(300);
        }else if($(this).is("#app")){
            $("#appinfo").fadeIn(300);
        }
    },function(){
        $(this).removeClass("floatwin-item-border-selected");
        if ($(this).is("#cs")){
            $("#csinfo").fadeOut(300);
        }else if($(this).is("#app")){
            $("#appinfo").fadeOut(300);
        }
    });
});
```

（6）在页面 index.html 中添加对 floatwin.js 的引用。为此，可在当前页面中 id 为 floatwin 的<div>元素的后面添加以下代码：

```
<script type="text/javascript" src="./js/floatwin"></script>
```

至此，本网站首页浮动窗口的实现即告完毕。在浏览器中单击“刷新”按钮，即可打开如图 8-15 所示的网站首页并对其浮动窗口进行操作。

本 章 小 结

本章以"网上图库"网站首页为例，分析了网站首页的基本需求与页面布局，并综合运用 jQuery 的有关技术，逐一实现了网站首页中的各个区域及其浮动窗口。通过本章的学习，应了解各类 Web 应用中静态网页或动态网页设计与实现的基本过程，并进一步掌握 jQuery 的综合应用技术。

思 考 题

1. "网上图库"网站首页中的导航菜单是如何实现的？
2. "网上图库"网站首页中的图片轮播效果是如何实现的？
3. "网上图库"网站首页中的热门图片与推荐图片的动态展示功能是如何实现的？
4. "网上图库"网站首页中的页脚信息区域是如何实现的？
5. "网上图库"网站首页中的浮动窗口是如何实现的？
6. 设计并实现与"网上图库"网站首页相关的"登录"页面。
7. 设计并实现与"网上图库"网站首页相关的"注册"页面。
8. 适当扩充"网上图库"网站首页的浮动窗口及其相关功能。

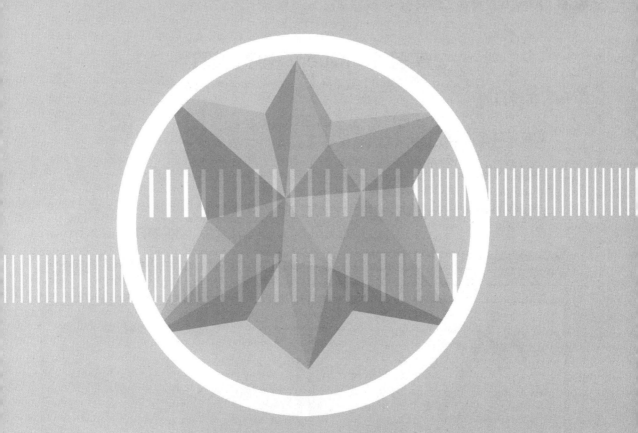

附　录

实验指导

实验 1　jQuery 程序的设计

一、实验目的

理解并掌握 jQuery 程序的设计方法。

二、实验内容

(1)　在 Dreamweaver CS6 中创建站点与目录。

(2)　设计一个显示一张图片的页面(见图 P-1)，单击图片后可将其隐藏(见图 P-2)。

图 P-1　　　　　　　　　　　　　　　图 P-2

提示：　可参考实例 1-2。

实验 2　jQuery 选择器的使用

一、实验目的

理解并掌握 jQuery 选择器的使用方法。

二、实验内容

(1)　设计一个可输入姓名的页面，如图 P-3 所示。在"姓名"文本框中输入姓名后，再单击 OK 按钮，即可通过对话框显示相应的问候信息，如图 P-4 所示。要求使用 ID 选择器实现此页面的功能。

提示：　可参考实例 1-3 与实例 2-1。另外，要获取在文本框中所输入的内容，可调用 val()方法。

图 P-3　　　　　　　　　　　　　　　　图 P-4

(2) 设计一个表单页面，如图 P-5 所示。单击"换肤"按钮后，表单中除按钮以外的 <input>元素将改变外观，如图 P-6 所示；若单击"恢复"按钮，则可将这些<input>元素的外观恢复原状。

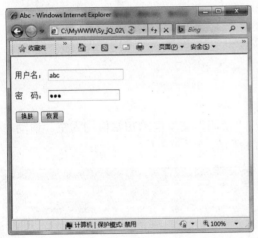

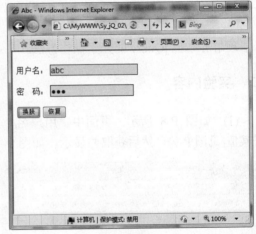

图 P-5　　　　　　　　　　　　　　　　图 P-6

提示： 可参考实例 2-8。另外，要为元素添加或删除 CSS 样式类，可调用 addClass() 或 removeClass()方法。

(3) 如图 P-7 所示，为一个成绩表页面，其最终样式是通过 jQuery 程序自动设置的。其中，有内容的单元格添加了背景颜色#E8F3D1，没有内容的单元格式以"缺考"填入，"不及格"以红色显示，"优"以绿色加粗显示。

提示： 可参考实例 2-19。

图 P-7

实验 3 jQuery 的元素操作

一、实验目的

理解并掌握 jQuery 的元素操作方法。

二、实验内容

(1) 如图 P-8 所示，页面中"用户名"与"密码"文本框的初始值均为空。请动态设置其值(见图 P-9)，然后获取并显示，如图 P-10 所示。

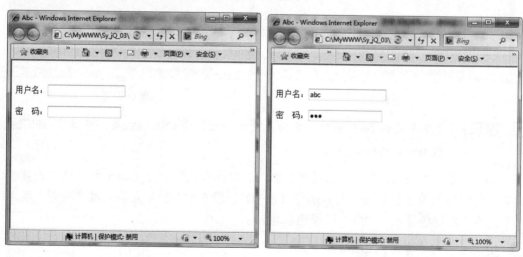

图 P-8   图 P-9

提示： 可参考实例 3-4 与实例 3-5。

(2) 如图 P-11 所示，页面中有一个段落，其内容为"Hello,World!"。单击该段落后，即可复制自身并插入其后，如图 P-12 所示。

图 P-10

📑 **提示：** 可参考实例 3-15。

(3) 如图 P-13 所示，页面中有 5 个链接。单击 OK 按钮，即可遍历各链接，并为其添加相应的 title 属性，属性值为"第 n 个链接"(n=1,2,3,4,5)，如图 P-14 所示。

图 P-11

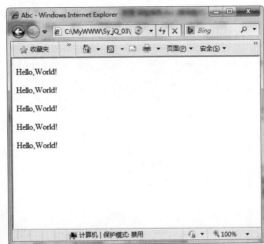

图 P-12

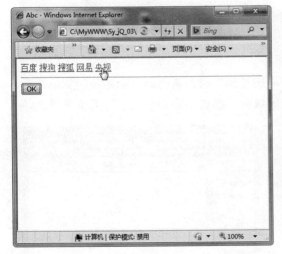

图 P-13

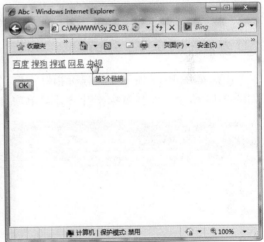

图 P-14

📑 **提示：** 可参考实例 3-19。

实验 4 jQuery 的事件处理

一、实验目的

理解并掌握 jQuery 事件处理的应用技术。

二、实验内容

(1) 如图 P-15 所示，单击页面中的标题后，即可显示相应的运动项目信息，如图 P-16 所示。

图 P-15   图 P-16

提示： 可参考实例 4-1。

(2) 如图 P-17 所示，当鼠标指针指向"导航菜单"时，将自动显示相应的菜单项目，如图 P-18 所示。而当鼠标指针离开菜单项目区域时，则自动隐藏所显示的菜单项目。

图 P-17   图 P-18

提示： 可参考实例 4-11。

(3) 如图 P-19 所示，页面中的"Hello,World!"会在原来大小的基础上先放大 100px，然后缩小 50px，如图 P-20 所示。

图 P-19   图 P-20

提示： 可参考实例 4-15。

(4) 如图 P-21 所示，为一个成绩表页面，可实现成绩行隔行换色且鼠标指针所指向的成绩行自动变色的效果。

图 P-21

提示： 可参考实例 2-18 与实例 4-18。

实验 5　jQuery 的表单操作

一、实验目的

理解并掌握 jQuery 的表单元素操作与表单验证的方法。

二、实验内容

(1) 如图 P-22 所示，输入证件号码，再单击"提交"按钮，可通过对话框(见图 P-23)显示所输入的证件号码，并将"证件号码"文本框设置为不可编辑的状态，如图 P-24 所示。单击"修改"按钮，则可将"证件号码"文本框恢复为可编辑的状态。

图 P-22　　　　　　　　　　　　　　　　图 P-23

图 P-24

[象] **提示：** 可参考实例 5-1。

(2) 如图 P-25 所示，可通过单击相应的按钮实现复选框的各种选定操作，单击"提交"按钮后，则可通过对话框(见图 P-26)显示所选中的颜色。

[象] **提示：** 可参考实例 5-4。

(3) 如图 P-27 所示，为学生注册表单。请实现对该表单的以下即时验证功能：①学号不能为空；②密码不能为空，且长度不能小于 6；③姓名不能为空。若未能通过相应的验证，应以对话框显示对应的提示信息，如图 P-28 所示。

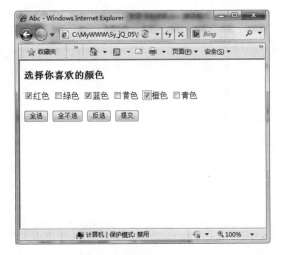

图 P-25

图 P-26

图 P-27

图 P-28

提示： 可参考实例 5-11。

实验 6　jQuery 的 Ajax 应用

一、实验目的

理解并掌握 jQuery 的 Ajax 应用技术。

二、实验内容

(1) 熟悉 XAMPP 2016 运行环境及其基本用法。

(2) 设计一个页面 Sy01.html(见图 P-29)，单击其中的 OK 按钮后，可使用 jQuery Ajax

中的 load()方法载入页面 Test.html 中 class 为 gx 的有关元素，如图 P-30 所示。

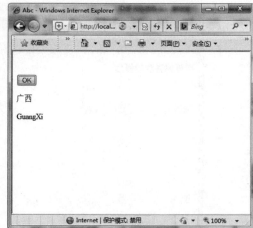

图 P-29   图 P-30

提示： 可参考实例 6-2。

(3) 设计一个页面 Sy02.html(见图 P-31)，单击其中的"确定"按钮后，可使用 jQuery Ajax 中的 post()方法将用户在表单中输入的姓名与建议发送至 Message_Post.php 进行处理，然后将处理结果显示在页面中，如图 P-32 所示。

图 P-31   图 P-32

提示： 可参考实例 6-4。

(4) 设计一个页面 Sy03.html(见图 P-33)，单击其中的"提交"按钮后，可使用 jQuery Ajax 中的 ajax()方法以 GET 方式将用户在表单中输入的姓名与建议发送至 Message_Get.php 进行处理，然后将处理结果显示在页面中，如图 P-34 所示。

提示： 可参考实例 6-7。

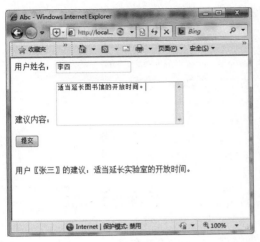
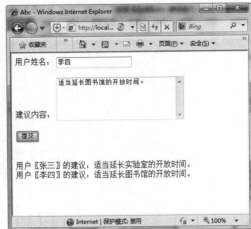

图 P-33　　　　　　　　　　　图 P-34

实验 7　jQuery 插件的使用

一、实验目的

理解并掌握 jQuery 插件的使用方法。

二、实验内容

(1)　使用 jQueryUI 中的 Datepicker 插件实现日期格式的设置与选择，如图 P-35、图 P-36 所示。

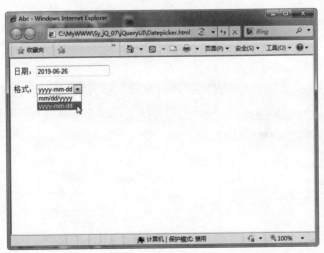

图 P-35

提示：　可参考实例 7-4。

(2)　使用 jQuery EasyUI 控制基本窗口的打开与关闭，如图 P-37、图 P-38 所示。

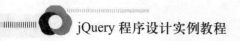

图 P-36

图 P-37

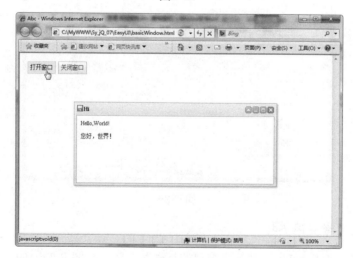

图 P-38

提示: 可参考实例 7-6。

(3) 使用第三方的 jQuery 插件 ColorPicker 制作一个颜色选择器,要求以选定的颜色显示所选颜色的值,如图 P-39、图 P-40 所示。

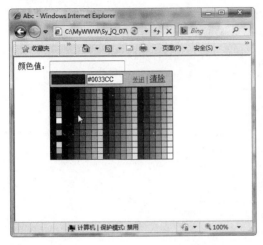

图 P-39   图 P-40

提示: 可参考实例 7-7。

实验 8   jQuery 的综合应用

一、实验目的

通过网站首页的实际开发,切实掌握 jQuery 在网页设计中的综合应用技术,从中了解各类 Web 应用中静态网页或动态网页设计与实现的基本过程,并积累相应的开发经验。

二、实验内容

自行设计并实现一个"网上书店"网站首页。要求综合运用 jQuery 的有关技术,逐一实现网站首页中的各个区域及其浮动窗口。

提示: 可参考"网上图库"网站首页,并遵循模块化设计的思想与原则。

参 考 文 献

[1] 蔡艳桃，万木君. jQuery 开发基础教程[M]. 北京：人民邮电出版社，2015.

[2] 黄珍，潘颖. JavaScript+jQuery 程序设计：慕课版[M]. 北京：人民邮电出版社，2017.

[3] 卢守东. JSP 应用开发案例教程[M]. 北京：清华大学出版社，2020.

[4] 唐四薪. PHP Web 程序设计与 Ajax 技术[M]. 北京：清华大学出版社，2014.